尽善尽美　弗求弗迪

人生下半程

50岁后的幸福心理课

しあわせな老いを迎える心理学

［日］植木理惠 ◎ 著
陈 旭 ◎ 译

电子工业出版社
Publishing House of Electronics Industry
北京·BEIJING

SHIAWASE NA OI WO MUKAERU SHINRIGAKU
Copyright © 2020 by Rie UEKI
All rights reserved.
Illustrations by Keiko OZEKI
First original Japanese edition published by PHP Institute, Inc., Japan.
Simplified Chinese translation rights arranged with PHP Institute, Inc.
through Bardon Chinese Creative Agency Limited

本书简体中文版专有翻译出版权由PHP Institute, Inc. 通过Bardon Chinese Creative Agency Limited授予电子工业出版社。未经许可，不得以任何手段和形式复制或抄袭本书内容。版权所有，侵权必究。

版权贸易合同登记号 图字：01-2021-6185

图书在版编目（CIP）数据

人生下半程：50岁后的幸福心理课／（日）植木理惠著；陈旭译．－北京：电子工业出版社，2022.8
ISBN 978-7-121-43586-7

Ⅰ.①人… Ⅱ.①植… ②陈… Ⅲ.①幸福－中老年读物 Ⅳ.①B82-49

中国版本图书馆CIP数据核字（2022）第093086号

责任编辑：张　毅　zhangyi@phei.com.cn
印　　刷：三河市兴达印务有限公司
装　　订：三河市兴达印务有限公司
出版发行：电子工业出版社
　　　　　北京市海淀区万寿路173信箱　邮编：100036
开　　本：787×1092　1/32　印张：7.5　字数：74千字
版　　次：2022年8月第1版
印　　次：2022年8月第1次印刷
定　　价：55.00元

凡所购买电子工业出版社图书有缺损问题，请向购买书店调换。若书店售缺，请与本社发行部联系，联系及邮购电话：(010) 88254888，88258888。
质量投诉请发邮件至zlts@phei.com.cn，盗版侵权举报请发邮件至dbqq@phei.com.cn。
本书咨询联系方式：(010) 57565890，meidipub@phei.com.cn。

前　言

变老，其实是幸福的。

岁数越大就越来越不中用吗？换句话说，难道人只有在年轻的时候才活得光彩夺目，盛年过后不论体力、脑力还是情绪，都会开始走下坡路吗？

对此我的结论是——不，绝对不是！

这就是心理学上的"成功老龄化"（Successful Aging），而且近年来这个理论也开始受到重视。其实从 50 岁开始，我们的心智成熟度、幸福感将会迎来一次巨大提升。目前西方国家正在积极研究如何让人们度过一个成功的（充满幸福感的）晚年。

相较之下我们却只知道探讨"如何避免晚景凄

凉"，我们研究的内容几乎都是预防性的、消极的。

而本书的视角正与此相反，我们将以一种"正面（积极）心态"，**探究如何让变老也成为一种幸福**，并且，我们应当认识到，变老也是让人生圆满的一部分。

①如何从变老中感受幸福？

②面对不断变老的事实，我们的所思和所为是怎样的？

③有些境界只有变老才能达到，有些感受只有变老才能体会到。

正是多年的咨询师经历和许许多多的案例才让我有了这样的视角。

慢慢变老，真的不是一件坏事，现在就让我来告诉你这其中的原委吧！

为了扩大读者范围，我选择的案例中的年龄段横跨30~90岁。

有些读者可能会误解："我都55岁了,你再跟我说30岁的时候应该如何如何也晚了呀!"但事实并非如此!其实这正是你的一次机遇,能够让你把30岁留在心里的那道难题彻彻底底地解开,从而大大提升你生活的充实感。

总之,不管你多大年龄,成功老龄化理论都能给你带来启示。阅读这本书吧,从今天开始你只要改变思维,就一定会迎来一个幸福的古稀之年和耄耋之年!

植木理惠

目 录

引言　崭新的人生观："成功老龄化"　// 001

年轻人真辛苦！　// 003

毫无依据的"年轻真好"　// 005

老龄化与驾车　// 008

心理年龄　// 011

成功老龄化　// 012

古典"发展心理学"的谎言　// 014

第一章　中年期：拓展、散发魅力　// 017

1 而立，理解人类的"复杂性"　// 019

30 岁前的简单思考　// 019

热情似火 30 年　// 023

"巴甫洛夫的狗"和人类　// 025

年轻时的"单纯快乐"　// 029

30 岁的小心结　// 031

尊重多样性　// 034

2　不惑，看透你自己　// 043

人生路上"找自己"　// 043

"心绪不宁期"其实很长　// 047

40 岁后的人生志趣　// 049

成熟是为了更爱自己　// 051

自恋者的头号朋友——镜子　// 052

自恋者的二号朋友——野心　// 054

自恋者的三号朋友——双胞胎　// 057

不惑之年的理想"解决方案"　// 061

找到自然的自己　// 065

3　天命，学会柔和便成熟　// 074

精力充沛地等待高龄期　// 074

面临最大窘境的年龄　// 075

人生重建莫彷徨　// 080

跨过绝望的高墙　// 083

多想想"可能"　// 088

量产"面具"　// 094

第二章　高龄期：提升、磨砺自己的能力　// 107

1　花甲，一张复杂的精神网　// 109

"花甲"又何妨　// 109

谁动了我的自行车？　// 112

怒气从何而来　// 116

60岁的恋爱烦恼　// 118

自行车朝何处去？　// 120

60岁的课题：深沉的神交　// 123

60岁开发新技能 // 125

2 **古稀，内敛的力量** // 136

　　内化思想之美 // 136

　　心中常念"替代品" // 140

第三章　成功人生100年 // 161

1 **有德之人幸福多** // 163

　　享受"道德"的年纪 // 163

　　日本人爱论"道" // 165

　　"爱管闲事"也幸福 // 167

　　远离孤独死 // 172

2 **认知障碍者也能找到幸福** // 177

　　"健忘"人人有 // 177

　　积极又向上 // 181

交流很重要　// 183

开心做"阿呆"　// 189

3　自我更新的力量　// 192

改变自己　// 192

变老不是"被改变"而是"要改变"　// 196

90 岁华丽变身　// 199

101 岁的某一天　// 202

"亲切"的恶魔　// 205

有生之年满满能量　// 209

放弃纠结和企图　// 211

我的生命在燃烧　// 213

结　语　// 221

引 言

崭新的人生观：
"成功老龄化"

年轻人真辛苦!

人要是上了年纪,身体素质和免疫力确实会下降。20多岁的姑娘小伙,他们的皮肤没有多少皱纹,肌肉结实,血液循环又好,正是体力旺盛的年纪,这绝不是中老年人能比得了的。不过青年人尽管体力都很不错,却总是有些心智不成熟。

在他们的心里总有些让人摸不透的疑团。这些小年轻总是说"打工也好,上学也好,反正我心都不在那上面""我不太会跟人交流,给我一间屋子,我能待到世界末日"……近些年十几岁的青少年的心理问题越来越多,可见事态已经相当严重。这些孩子还没学会怎么给自己解压,也没能取得成年人的成就，更没有摸到过所谓的"稳稳的幸福"。

我的看法完全来自心理学理论以及多年做心理咨询师的实践经验。

我认为，随着年龄增长，我们的精神状态并不会越来越差，反而我们越来越能活出真我，体会人生的充实，并向着"自我实现"的目标一路向前。

可能有些年轻的读者不相信，其实所谓"人性的力量"，是要到花甲之年才能掌握的！年逾花甲，才会有指导年轻人生活的能力。

一般人眼中的年龄增长（变老）就是："你看，那个人已经老成什么样了！其实她年轻的时候还是个美人呢！"这就让大家对变老这件事感到十分恐惧。所以不论在哪个国家，都有越来越多的爱美人士，渴望自己能够"逆龄生长"，至少能让自己的外表显得更加年轻。其实这种心态我完全能够理解。

毫无依据的"年轻真好"

但我希望各位从生物适应性的视角冷静地思考这个问题。如果"随着年龄增长，人的精神越来越差，最后便会陷入不幸的泥潭"，而且人类的生命也是由DNA事先编辑好的，那人生还有什么意义呢？

或者说，如果社会上精神萎靡的中老年人越来越多，我们的社会生产力和工作效率又要如何维持呢？如果真的有一个专门负责DNA排列组合的"神明"存在，那么他这样设计我们的基因，从生物学的角度来看，又有什么益处呢？

人类不是因为愚蠢才降生到世上的。人的年龄之所以会增长，也同样不是为了让人类罹患精神疾病、灰心丧气地虚度人生或是直接走上轻生的歧路的！我认为，**人之所以会变老，就是为了得到幸福，就是为了从低级向高级进化。**人类是一种特殊的生物。

在我们经历了人生的种种失意、懂得了纷繁复杂的人情世故、度过了悠悠岁月之后，却还能体会人生的充实感，感叹一句"啊，活着真好""哦，我也挺厉害的嘛"——这才是对"变老"最崇高的礼赞！

"年龄大了就会不适应身体的变化，而且会越来越碍事"——这样想的话，我们和猴子还有什么区别？我们人类有着强大的创造力、丰富的情感和旺盛的好奇心，因此从人类文化的延续上看，结论正好与上面这句话相反。

证据就在于一个简单的问题——"你现在幸福吗？"面对这个问题，10多岁的人会摇头说"不"，30~50岁的人会歪头想想，然后说"还凑合"，如果是八九十岁的人，那么他们一定会立马点头说"是，我挺幸福的。要是腿脚能再利索点，那就再好不过了！"

近些年随着社会老龄化的加剧，你到了50多岁，就开始有人对你冷言冷语，说你是"老害"（日本对老人的蔑称——译者注）。如果你是七八十岁的老人，那么评价会更冷漠："他们的思维退化了，感情也迟钝了，如果没有家人照顾，连生活都是问题。"

但对于我这个心理学家来说,这完全是一种偏见,甚至让我不能理解!

老龄化与驾车

"老害"这种偏见已甚嚣尘上。不论在电视新闻还是各种广播上,是不是经常会报道些诸如"70岁老人驾车误踩油门酿惨剧"或者"八旬老人开车冲进便利店"之类的老年人引发的交通事故?但是,"老害"这种说法实际上并没有什么科学依据。

如果对于患有认知障碍症等疾病或者认知能力极度低下的人,那么当然应该禁止他们驾驶汽车。但对于那些不论年龄多大,都丝毫不影响他们的判断力和驾驶技术的人来说,同样应该允许他们开车上路。

举一个极端的例子，在克林特·伊斯特伍德导演的电影《骡子》（2019年上映）中有一句台词："要想长途运输这么重要的东西，只能找90岁的老手，毛头小子根本不行！"

其实在造成死亡的撞车事故、冲撞建筑物事故中，85岁以上和20岁以下的肇事者的数量几乎相同。换言之，日常发生的交通事故，老年人确实脱不了干系，但我们也要关注到因为年轻人驾驶技术不熟练而引发的危险。从报道上来看，媒体还是喜欢大肆宣扬老年人驾车引发的交通事故，却忽视年轻人驾车引发的交通事故。

我在这里希望各位理解一个事实："我的驾龄有

好几十年，行驶里程也有好几十万公里了，所以我不可能因为驾驶技术不好而引发事故。倒是那些刚学会开车的愣头青才危险！"——像克林特·伊斯特伍德所说的那种老年驾驶员还有很多，他们就在七八十岁的老年人中。

我们不能对这一事实置若罔闻，只知道说："哦！都70岁了，就别开车了！"脱离人们各自的认知能力和驾驶技术，只拿年龄说事儿——这股风气对老年人而言完全是一种压迫。

我们不能只依据年龄做判断，还要依据个人的认知水平以及驾驶技术，认真核实，这样才能解决好老龄化和驾车之间的矛盾。

心理年龄

很多人习惯单纯依据人类生理年龄评判一个人心智的成熟与否。但从心理学的角度来看，这完全过时了。与其固守这种陈旧的怀疑主义，倒不如超越年龄，去关注"个体"。换言之，有些人虽然年纪不大，但心境已经老朽，而有些人虽然年纪老迈，心却仍然清明澄澈。而我们心理学研究的重点正是这些人以及他们的思维模式、情感态度、生活习惯。"如何变老"千人千面，自然千差万别。

本书正是要为你详细讲解，人应该保持怎样的心态和生活习惯，才能"成功"地步入晚年，以及如何充满幸福感地度过晚年生活。

成功老龄化

正如开头所言,近年来心理学领域开始关注"成功老龄化",顾名思义,其含义就是"随着年龄的增长,擅长的事情越来越多""随着年龄的增长,人生更加充实"。人不同于其他动物,随着年龄的增长,我们反而会更加"年轻"——判断力更强,也会更加机敏。

回首过去,我们人类绝不会随着年龄增长而慢慢"失去"一切。要知道,随着年龄增长,我们发达的大脑皮质以及杏仁核等部位的功能都会越来越强大,而我们的能力和魅力也会随着年龄持续增加。

你是希望年龄增长却能保持年轻态,人生同样光彩夺目呢,还是只能变得越来越"不中用"呢?这在于我们是否了解人类变老的实质,能不能妥善应对变老的过程。

本书将会尽最大努力为你提供一些启示。

古典"发展心理学"的谎言

提到"发育",很多人只想到从出生到 18 岁这一阶段,但这只不过是指身体的发育。当然,比如数字记忆这种记忆力之类的能力,一般十几岁时就已经达到顶点,而情感、人际关系、人生观等心智层面的发育,一般要到 30 岁才开始趋于成熟。

如果一位老师讲授完未满 18 岁的未成年人的心智发展,然后把教科书一合,说"发展心理学的课程到此结束",那恕我直言,这位老师备课真的不够充分。因为人类的发育并不是到 18 岁就停止了。差不多 20 年前,那时发展心理学还被称为"终身发展心理学",但内容其实和现在大同小异。我就"鉴赏"

过各大高校的讲义，结果发现从过去到现在，内容几乎没什么变化，这可真令人失望。

其实我们应该去了解不同年龄段的心智发展状态。

本书大致将年龄层次分为：30~50多岁——中年期，60岁开始——高龄期。我准备按照大致的年龄段来展开讨论，例如不到60岁就无法达到的心境、不到70岁就难以拥有的心态等。为了让大家理解何为"成功老龄化"和"年龄增长也是一种幸福"，我先给大家设定一个基点：

年龄增长带来的不只有坏事，不要把变老当成一种灾难！

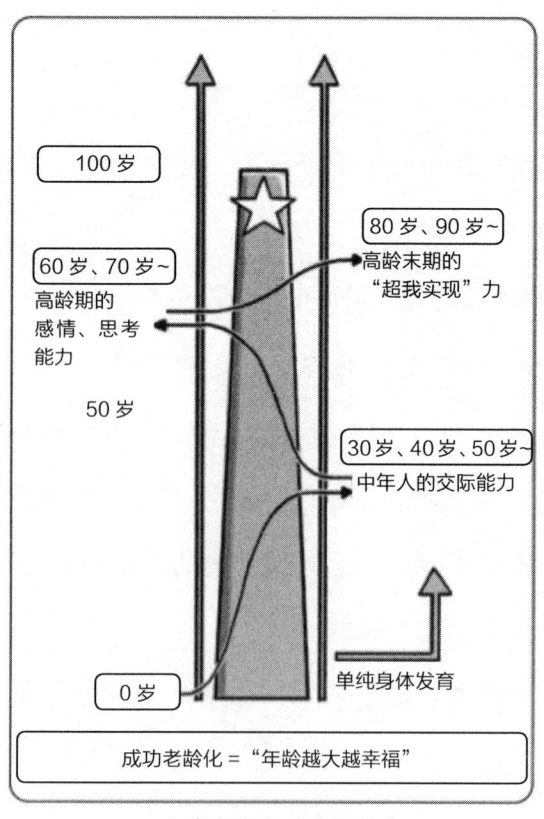

```
┌─────────────────────────────────────────┐
│           ↑         ↑                   │
│  ┌─────┐            ★                   │
│  │100岁│           ┌──────────┐         │
│  └─────┘           │80岁、90岁~│         │
│  ┌──────────┐      └──────────┘         │
│  │60岁、70岁~│ →   高龄末期的            │
│  └──────────┘     "超我实现"力          │
│  高龄期的                                │
│  感情、思考                              │
│  能力                                    │
│                                          │
│     50岁                                 │
│                    ┌──────────────┐     │
│                    │30岁、40岁、50岁~│    │
│                    └──────────────┘     │
│                    中年人的交际能力      │
│                                          │
│                              ↑          │
│  ┌────┐                                  │
│  │0岁 │              单纯身体发育        │
│  └────┘                                  │
│                                          │
│  ┌─────────────────────────────────┐    │
│  │ 成功老龄化 = "年龄越大越幸福"   │    │
│  └─────────────────────────────────┘    │
└─────────────────────────────────────────┘
```

人类发展和成功老龄化

第一章

中年期:
拓展、散发魅力

1 而立，理解人类的"复杂性"

30 岁前的简单思考

从孩提时代到 30 岁前，我们都有一项特质，那就是做什么都靠"瞬间爆发"。那段时间，我们脑子里的"公式"还很简单，我们做事只论成败。即便问问题也习惯问一些类似这样的问题："这个药好使吗？两天能好？""我要怎么表白才可以？""想要减肥的话最好还是断食吧？"总之，我们期待那些极为简单的答案——"由 A 得 B"。

所有人都是带着这种思维走过童年和青年时代的。

举一个极端点的例子，这就好比动物的基本生理反应，只要见到柠檬或梅子干（由A），嘴里马上就会分泌唾液（得B）。

当然这不过是单纯的生理现象，所以一定要把它和心理问题区别对待。但是十几二十岁的青年人那种"由A得B"的直线思维，确实像极了"条件反射"，思考问题永远是"想当然"的。

有些年轻人很悲观，总觉得"这人是不是看我不顺眼""我太胖了，所以老师也不待见我""我就是不想见人"等等，有时候他们也会盲目乐观，比如会认为"那个小姐姐看了我一眼，果然我们俩有戏""我还年轻，就应该放肆一些"。总之，他们仿佛生活在由各种"由A得B"构成的世界里。

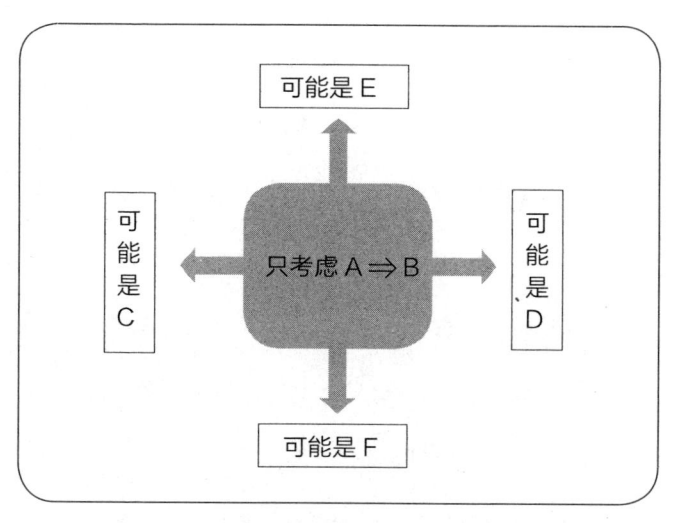

```
          ┌─────────┐
          │ 可能是 E │
          └─────────┘
              ↑
┌───┐      ╔═════╗      ┌───┐
│可 │      ║     ║      │可 │
│能 │ ←── ║只考虑║ ──→ │能 │
│是 │      ║A⇒B ║      │是 │
│C  │      ╚═════╝      │D  │
└───┘         ↓         └───┘
          ┌─────────┐
          │ 可能是 F │
          └─────────┘
```

A⇒B（由A得B）思维模式

真是年轻气盛啊！我想他们的脑子里一定装的

都是"A一定决定了B"。

所以你年轻的时候,一定不要总是想当然地认为,既然出现了A,紧随其后的一定是B。努力一番成绩仍旧不理想,想要搞好关系结果遭到冷遇,在单位被年轻同事超越……如果一个人经常觉得自己明明那么努力,结果却总不尽如人意,那么他的内心必然常常受到巨大打击。

虽然大人们总是告诉他们"事情不是那么简单的!人们都有不同的想法,你看问题的时候要把视野打开",但他们又哪里会听呢?

因为你使用的语言并不是他们年轻人的语言。可以说,30岁之前,他们始终会保持这种"由A得B"的、极度简单的思维模式。

热情似火 30 年

十多岁的孩子总是容易心浮气躁。这与心理学家埃里克森①的发展心理学理论不谋而合。但是最近几年，年轻气盛的时期似乎有延长的趋势。有的人马上就要三十而立了，心性还是那么浮躁。

其实作为心理咨询师，经常有人和我倾诉"自己曾经虐待过孩子""我对家人实施过家暴"，遗憾的是这样的事例不在少数。于是我就问他们是出于什么心理、什么缘故才会做出这种事来，如果对方是二三十岁的年轻人，不论我如何努力、花费多长

---

① 爱利克·埃里克森（1902—1994），美国心理学家，自我同一性理论倡导者。

时间去研究，都找不到确切的缘由。

这些曾经对家人施暴的人总是告诉我"感觉自己很厉害""当时大脑一片空白""就是想打他一顿"。他们总是拒绝面对自己的内心。

而对方一旦超过35岁，就会先说明自己如此对待别人的理由，而不会推脱"当时一股火顶上来了"或者说出"因为A所以B"之类的借口。

下面给大家讲一下我做心理咨询师时搜集的案例。从2001—2012年的记录看，超过七成的年轻来访者会出现"武断""看待问题不透彻""主观随意性"之类的问题，而年龄超过35岁的来访者却极少有这种现象。

年轻人虽然容易冲动，但他们中也有很多人会把自己的隐情告诉咨询师，以获得理解，之后努力让自己变得更好。

因此我们要关注自己的行为和情感，努力寻找内心深处纠结和痛苦的根源。而这种能力往往要到三四十岁才能获得。

"巴甫洛夫的狗"和人类

也许很多朋友都听说过"巴甫洛夫的狗"那个经典实验。巴甫洛夫[①]是俄国著名的生理学家，他以自己的狗为实验对象，证明了"由 A 得 B"的条件反射原理，并撰写了论文。

---

① 巴甫洛夫（1849—1936），俄国生理学家，提出了条件反射理论。

1. 只给肉 → 有反应

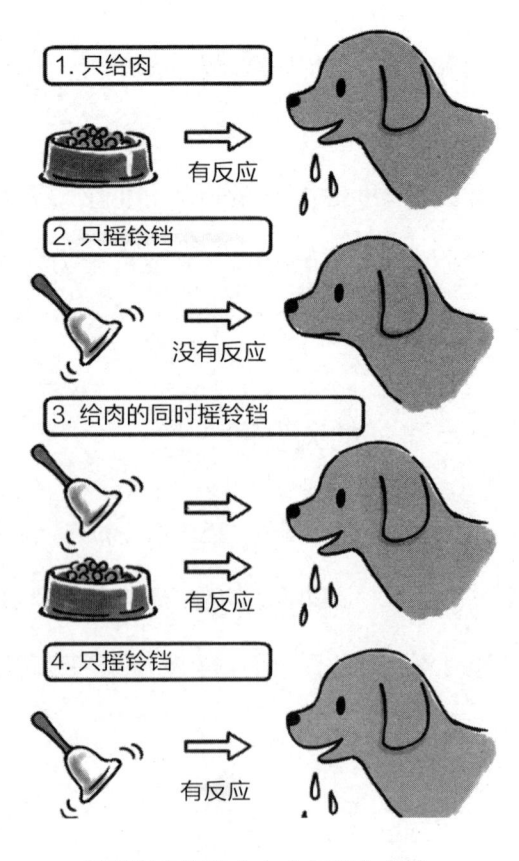

2. 只摇铃铛 → 没有反应

3. 给肉的同时摇铃铛 → 有反应

4. 只摇铃铛 → 有反应

巴甫洛夫的狗（由 A 得 B）实验

下面我来简要地介绍一下这个实验。我准备用巴甫洛夫的理论来尽可能简单地解释20多岁的年轻人的想法和心理活动。

巴甫洛夫首先让狗闻它最爱吃的肉，这对于狗来说简直是无法拒绝的盛宴。之后巴甫洛夫做了一件有趣的事，那就是边让狗闻味道，边在它旁边摇铃铛。看来巴甫洛夫先生是个经常突发奇想的人啊！接下来他就要开始证明"由 A 得 B"理论了。

巴甫洛夫随后只摇铃铛，而狗只要听到摇铃铛的声音就止不住地流口水。狗一定认为"既然 A（铃铛响了）出现了，接下来自然就是 B（有肉吃）"，在它脑子里这套流程成了一种"定式"，也就是说它已经完成了"学习"的过程。用术语来说，狗的这种学习方式属于"联想配对学习",几乎所有动物都具备这个能力。从生理学的角度来看,这是一种极为自然的联系。

其实这种现象也发生在人类身上,特别是哺乳期儿童和十几岁的年轻人。比如爷爷身上味道不好闻,只要稍微靠近,小宝宝会像被火烧了一样哇哇大哭。更神奇的是,如果身边有女性说话声太大、太尖锐,小宝宝还会做出想要逃跑的举动呢!

类似这种"A 出现后就会有 B 的结果"或者"由 A 得 B"的思维方式对孩子有着很强的影响力(大人的感受则不会如此强烈),甚至支配孩子的思维。对于孩子来说,这未必是坏事。正因为有这种"由 A 得 B"的简单推论,孩子才不会自寻烦恼、心烦意乱，而是天真烂漫、茁壮成长。

我们年幼的时候不仅会有这种类似"狗流口水"的行为，我们的兴趣、思维方式等也和巴甫洛夫的狗十分接近。

年轻时的"单纯快乐"

认知心理学把这种信息连接方式称为"脑神经网络"。这种网络在我们还是胎儿的时候就已经形成。虽然那时我们只能形成"由A得B"的简单推论，但伴随着年龄增长，我们建立的联系也会逐渐复杂起来。

年幼时，我们天真烂漫，常常习惯用"由A得B"的简单模式处理信息，我们认为只要有这个公式就能轻松套用。但对于其他动物而言,这种"联想配对"会演变成一种固执,即便之后长大成熟仍旧很难消除,而人类只在早期才有这种思维方式。

科学证明,当我们成长到接近 30 岁时,这种"由 A 得 B"的单纯认识才开始改变。换言之,我们从孩子走向成人的过程就是由"想当然"到"深思熟虑"的过程。而且直到中年,我们一直都是"巴甫洛夫的狗"。

如果走向极端,我们很可能"脑子一热""没来由地"就实施了家暴、跟踪等攻击性行为,甚至"不知不觉"间已经染上酒瘾、毒瘾,这实在太危险了。

有些人正因为擅长简单化思维,所以更加不愿意深思熟虑,但条件反射下的行为实际充满了危险性。虽然20多岁的时候，我们可以过得潇洒又单纯，但如果这种条件反射式的武断思维方式一直保持到30岁之后，可以说后患无穷。

30岁的小心结

因此，我们必须在30岁前就摆脱掉"由A得B"的简单思维的支配，关注事物的多样性，理解什么叫"未必如此"，学会用"感觉"去认识世界。

心理学家埃里克森认为，中年人的发展课题（先要成功步入中年，还要掌握与年龄相符的思维方式）是"家人"和"工作效率"。确实，那时候我们有了家庭和子女，工作中也积累了不少社会关系，我们才更能体会到"由A也不一定能得到B"。

刚出生的宝宝并不一定会按照大人的心意，让睡觉就睡觉，让喝奶就喝奶。我们在和恋人、家人的相处中也往往会抱怨"结婚前不是这样的""他怎么能这么做"……总之，不和谐的音符似乎有很多。

因此，而立之年我们要面临很多压力，也会感叹："原来我不能再像小时候那么单纯了，还是那时候开心啊！"

或许这就能解释为什么近些年来很多人30多岁了还不想成家，甚至没有稳定的工作，而是选择做自由职业者。

总而言之，如今我们对30岁的印象，已经不是以往的、普遍意义上的"而立之年"了。"而立"早已不是自由和安稳的代名词了。事实上，这6年间找我做心理咨询的来访者中，有四成都是三四十岁的中青年人，在他们的脑海中仍旧肆虐着"狂风和怒涛"，同时他们也如一叶孤舟，找不到自己的"心灵家园"。

特别是有很多男性甚至不知道自己想要做什么，干脆在家"闭关"，沉迷于赌博和游戏。更有一些朋友深受抑郁症或惊恐症的折磨。

而女性则多会发表一些类似"我一定要把自己嫁出去""女人哪有不生孩子的道理"的言论。这种表现的根源同样是严重的抑郁症和强迫症，很多人最终进入了"与世隔绝"的状态。

"男人就要有个正经工作""女人就要生孩子做家务"——这种"由 A 得 B"的简单思维再加上周

围人给他施加的压力,使得他愈发不能自拔,最终在自己的而立之年彻底崩溃。

如果你也感到烦恼,就一定要想方设法摆脱"由A得B"的思维,用更宽广的视角来看待世界。要把自己和别人区分开来,理解"不是所有人都是这样的""这是别人的想法,并不一定适合自己",只有这样你才有机会活出自己的人生。

尊重多样性

30岁,我们要面对的问题就是不论对他人还是对自己都要看得开、想得开,尊重多样性。其实我见证过很多人通过努力做到了这一点。

但遗憾的是,并不是所有人都能完成这个蜕

变的。

只要还没到30岁,我们中的大多数人,不论人品如何,都是单纯的。可以说他们一切的动力都源于爆发力和行动力,只要处理得当,单纯能让他们时刻精力充沛,年轻就是资本。

其实有很多人到了30岁还不能超越"由 A 得 B"的肤浅观念,甚至终其一生都这样天真,而且有不少人拒不承认事物的多样性,仍旧固守"非黑即白"的观念。这部分我将在后面详细解读。

他们的这种生活态度不仅会给周围人平添烦恼,还会让知己朋友为他们担忧,而且最痛苦的其实正是他们自己。因为他们的这种观念如果放任自流,迟早会对他们的精神健康产生不良影响。

40岁前一定要摆脱"由 A 得 B"的单纯思维,一定要用更宽广的视角去看待事物。能否实现这种蜕变直接关系到一个人五六十岁以后罹患抑郁症、精神疾病的概率,并且这也和 80 岁之后多发的认知障碍症有着千丝万缕的联系。

所以不要让"由 A 得 B"的思维方式束缚住你的翅膀,一定要在 40 岁前完成进化。你的晚年是否幸福,此后几十年的人生是否快乐,都取决于这次伟大的蜕变。

Success
摆脱"由 A 得 B"单纯思维

30 岁前，我们习惯"A ⇒ B"，追求简单。但这种思维方式却容易成为攻击性行为、成瘾性行为的导火索。

我该怎么办?

POINT 1
- 尽早从"由 A 得 B"的单纯思维中摆脱出来。
- 用更加多元化的观点去看待世界。

思维转换→不是所有人都是这样的。

POINT 2 掌握将他人和自己区别看待的能力。

思维转换→别人的想法未必适合自己。

POINT 3 认清事实：一切都不会轻易成功。

POINT 4 理解人际关系的复杂性。

POINT 5 不论对人还是对己，都要想开点，尊重"多样性"。

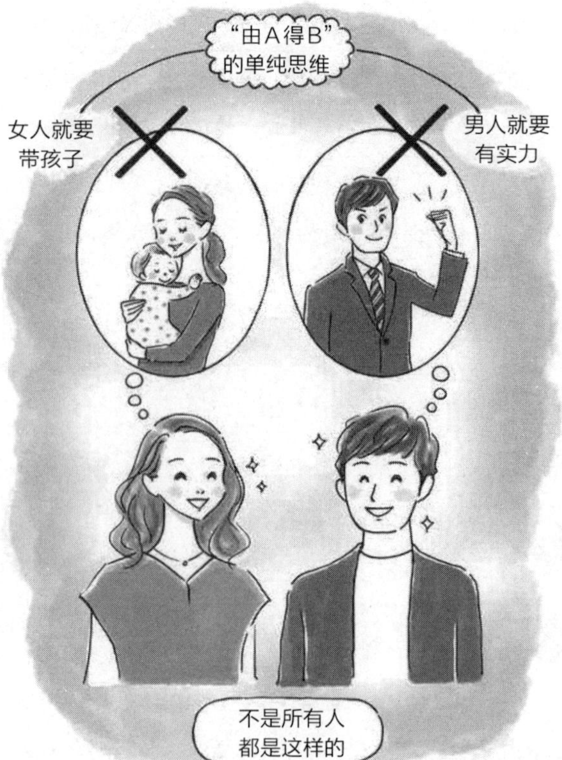

“由A得B”
的单纯思维
女人就要
带孩子
男人就要
有实力
不是所有人
都是这样的

打消忧虑的小疗法

Q 一想到老父老母的身体状况、自己未来的生活之类的烦心事儿，我就感到十分忧虑，心绪不宁。

A 泡个热水澡，运动一下，出一身汗，不要一坐下来就胡思乱想，如果真的要思考问题，不如边走边想……养成这个习惯之后，你就不会再杞人忧天了。

一般来说，我们在众人面前做演讲，或者接手新任务的时候，总会感到不安和惶恐。另外，当我们考虑未来的时候，也容易产生不安情绪，甚至会没来由地感到不适。

此时我们的身体根本不受自己意识的控制。

比如有时候我们会感到莫名的躁动，身体好像被一股巨大的吸力死死抓住，仿佛双脚已经离开了地面。而且还会感到一阵眩晕，不知道自己身在何处，乃至怀疑自己的身份。

其实这是很正常的现象。很多时候，我们不知不觉就已经被不安情绪包围了。那时候，我们甚至会陷入一种错觉，认为"自己的身体已经不属于自己了"。

说得复杂些，就是我们的身体"轮廓"和外部世界的"边界线"逐渐模糊，身体以前是属于自己的，而现在却不再属于自己了。之所以你会感到迷茫无助，主要是因为在很久之前你就已经被外界的压力裹挟、包围了。

心理学把这种现象称为"体像障碍"。

当你敞开心扉充满自信时，就能自然地感受到

"我自身的界限就在这里"。但当你抑郁不安时，则会反复追问"我自身的界限在哪里"，那时你的体像已经变得模糊了。体像障碍与"自我""自身"等深层心理因素息息相关。弗洛伊德的精神分析法非常重视这一点。

因此，如果你想迅速摆脱不安和抑郁，就要从内心深处感知自身和外界的边界线。

我一般会建议来访者们尝试行为疗法，调整内心。正如我在前面所写的：

①尽可能每天都去泡个热水澡。

②每天适量运动，让身体出汗。

总而言之，就是在运动过程中关注自己身体的感受。其实这并不是什么特殊的训练方法。

这套方法对于焦虑症患者而言，效果立竿见

影，因此备受好评。当你感到焦虑时，先去泡个热水澡，让全身都湿润起来。尝试这一疗法的朋友都惊奇地发现，虽然水温高过自己的体温，一开始会有些不适，但紧接着便有一种解脱感。这个方法能轻松地让你找回所谓体像（人对自身体态和感觉的心理感受）、身体边界感。而通过运动让身体略微出汗，边走路边思考，也是同样的原理。

我们的成长不应该总伴随着无尽烦恼，而要养成常常找到自己的体像，时时刻刻告诉自己"我就活在当下"的习惯。泡澡、散步不仅对身体有益，对于排解不安和交流也大有帮助。

2 不惑，看透你自己

人生路上"找自己"

心理学支持人们寻找自己的存在意义，鼓励人们承认"我是一个无可替代的人""有些事情只有我自己才能做到"，只有这样才能让我们保持一颗年轻的心，培养敢为人先、勇于挑战的人格。

心理学家埃里克森将这种不断探寻自我价值的行为称作"自我同一性"，并认为这是人们在青年期（青春期）必须攻克的难关之一。换言之，为了实现成功老龄化，我们在十几岁的时候就应该完成寻找自己的旅程，清晰地认识自己的定位。

如今别说青年期了，有些人即便过了40岁也没能实现所谓的自我同一性，我不知道这到底是幸运还是不幸，至少在我的临床案例中，现代人实现自我同一性的年龄的确越来越晚了。现代人用来寻找自己的时间显然太长了。

相反，近年来越来越多的心理学家开始认为，喜欢拖延的人患焦虑症和强迫症的风险更低。

如今人们的观念发生了变化。60多年前，提起成功老龄化，我们想到的是"让青年人成功实现自我同一性"，而到了现在，则成了"成为中年人之后也要保持寻找真我的能力"，这样的人才能得到幸福。

十几岁的少男少女来做心理咨询时常常会对我说"我找不到自己的归宿""没有人需要我"。

而成年人只会轻描淡写地宽慰孩子"你是有归宿的""有人需要你",但即便大人们嘴上这样说,脸上却分明写着冷漠。孩子们只会觉得"大人们根本不理解我",最后选择封闭自己的内心。

我如今也快 50 岁了,思来想去,初高中阶段直到 20 多岁那会儿,我总能感到莫名的寂寞和孤独,总是对自己的生活有些不满。

朋友、家人稍微表现出对我有些失望,我就会觉得自己"不被需要",因此内心痛苦。在参加小组活动或大学座谈会的时候,我也偶尔会疑惑"我是不是妨碍人家了""我的定位到底是什么",因此闷闷不乐。这其实是年轻人常有的状况。

如今想来，那时的我还是太年轻，太容易受伤了。

你是不是也有这样的经历呢？

"心绪不宁期"其实很长

这种寂寞和孤独的感觉其实正因为我们青春年少,思想简单。

心理学家曾经把青年期称为"心绪不宁期"。诚然,那个时代我们心性不定,不理解自己,不能对自己合理定位。从这个角度来看,青年时代我们满脑子都是"我应该保持什么样的状态""我应该在哪里出现",我们的内心宛如一片波涛汹涌的大海。或许那就是一个心绪不定的时期。

我们不妨回顾一下这15年,"心绪不宁期"已经不是青年人的专利了,二三十岁的大人即便有了工作,建立起家庭,可能还是会感到"心无定所"

或"心绪不宁"。

我目前在做心理咨询师，也在很多大学兼职授课，我在各地的企业、地方机构都开办过演讲会并开设过课程。在和很多朋友交流之后，我逐渐发现，"心绪不宁"已经不单是一种"城市病"，而是遍及全国的普遍现象。

那些30多岁、正当壮年的朋友和我倾诉时总是会说出一些只有年轻人才能说出来的"傻话"，"我是个可有可无的人""我老有自杀的念头""好想现在就消失啊"，要么就是"我在家也没有地位""就算我辞职了，也有很多人能代替我"……我不知道他们说的这些话有几分真、几分假，但我总觉得他们是在"考验"我这个心理咨询师够不够格。

40 岁后的人生志趣

40岁后要开始培养对自己地位的"信心"。30多岁的来访者和40多岁的来访者，在他们得知自己的抑郁症状有所改善（心情改善，停止用药和其他医学治疗手段）后的表现差别很大。

中年人多会当面感谢咨询师，之后再也不想来做任何心理咨询了。而青年人则会表示还想继续做心理咨询。这就是中青年人之间最大的差别。

来找我做咨询超过1年的来访者中，30岁左右的人数为290人，40岁左右的人数为311人。通过对这两组人比较，我发现超过40岁的来访者中，只有9%的来访者希望再来做咨询，而30岁左右的来访者中，有 38% 的来访者认为"虽然我已经痊愈，但也希望定期做一次心理咨询"。顺带提一下，希望再次做咨询的比例分别为：10~20 岁 35%，10~19 岁 38%，30~39 岁人群再次做咨询的比例和前两个年龄段的差距不大。

我认为 30 岁左右的来访者之所以痊愈之后仍然选择继续做咨询，主要是因为他们对心理咨询师的过度依赖。很多人即便心理问题已经得到解决，但此后数年仍会继续寻求咨询师的帮助。这点和四五十岁的人群大不相同，显然青年人仍旧在苦苦追寻着属于自己的"人生归宿"。

不论男女，30 岁前都会有些所谓"我不受重视"的毫无根据的不安情绪，不信就请回忆一下自己的懵懂岁月吧！换言之，我们的青春时代正是始于十四五岁，到 40 岁结束的。我们可以利用这足足 25 年的时光寻找自己的归宿，探寻自己的内心，在这片波涛汹涌的大海上遨游！

成熟是为了更爱自己

人一生中一定要交到这 3 个"朋友"。

心理学家科胡特[①]认为，为了让"自恋"心理更加成熟，必须有 3 个角色作为支撑。提到自恋，在我们的观念里它往往和"自恋者"或"自我中心主义"等消极印象紧密联系，但这并不是这个词的本义。

---

① 海因兹·科胡特（1913—1981），美国精神科医生、精神分析学家，自体心理学和自恋理论提倡者。

爱自己并不是无端"自恋",而是"我受到他人的认可""我的存在对于他人而言是有价值的",即来自周围人的"认同感"。

前文我写道:50岁前,我们需要结束寻找自己的旅程。换言之就是学会"爱自己"。科胡特认为,想要学会爱自己,就要朝3个方向努力,简而言之,就是在合适的时间要交3个"朋友"。

自恋者的头号朋友——镜子

3个朋友之中,最重要的就是这第一位,那就是能把你的所言所行原原本本反映出来的朋友。科胡特以心理学鼻祖弗洛伊德的古典心理学理论为基础,认为幼儿期的孩子和母亲的关系恰恰就是你和第一个"朋友"相处的缩影。

宝宝一哭闹，母亲往往会问："宝贝，怎么了？"然后就赶紧把他抱起来。要是他主动和母亲打招呼，母亲也会拍着手朝他微笑。宝宝刚学会走路，家长便欢呼雀跃，即便宝宝故意恶作剧，家长也会问他一句"你在干什么呢"，进行规劝。父母的这种行为就好像"镜面反射"。科胡特将之称为"镜像角色"。

但是根据近几年的育儿实例，母亲和孩子都有属于他们自己的"自主性和自立性"，而且这已经成为当下的社会常识。因此，母亲一天24小时和孩子寸步不离，对孩子的一举一动都能及时"表扬"或"制止"，这种状态只能是科胡特的理想，对于现代人来说其实相当有难度。因此我们不能单纯依靠婴幼儿时期的母子关系来获得"镜像角色",而要通过朋友、伴侣来补充。

这自然非一朝一夕之功,因为想要在芸芸众生之中找到一个"镜子"般的伙伴,你会品尝到失败的苦涩,也会品尝到成功的甘甜,总之这需要大量的经验。

自恋者的二号朋友——野心

下面介绍一下第二位重要的朋友,那就是能让你奋发上进,斗志昂扬的朋友,科胡特将之称为"野心角色"。

回首婴幼儿时期,这个"朋友"其实应该是你的父亲。母亲好比一面镜子,把孩子的行为一一映射出来，而父亲对于孩子而言则犹如一座屹立不倒的高山，也是一位严格的导师。因此科胡特理论的前提是，孩子崇拜父亲，以父亲为目标，希望将来能超越自己的父亲。

但我要说的是，近些年我们的子女教育也发生了变化。"父亲靠鞭策来培养孩子的野心"这种观念常被曲解为虐待儿童而遭到口诛笔伐（完全是两码事），成为社会敏感话题。

而且如今的社会现状远非20世纪60年代科胡特在美国精神分析协会大放异彩的时代了。近几十年少子化趋势严重，父亲一声断喝，好几个兄弟姐妹战战兢兢地站成一排——这种场景已经极其罕见了。现在一个家庭大多只有一个孩子，所以家长往往都温柔可亲，他们习惯用尽浑身解数来满足这个"小皇帝"的任何愿望。虽然偶尔也会呵责孩子，但如今的父亲却越来越像孩子的仆人，只会满口应允孩子的要求。

因此，理论上本该在婴幼儿时期就形成的"超越对手的野心"，不得不拖延到之后的人生阶段才能逐渐形成。这样看来，你就需要接触一些朋友、前辈、导师，他们能让你发自内心地认为："我好想变得和他一样，可惜我现在还赶不上人家。好不甘心！但我早晚会成功的！"只有那些令你敬畏的"对手"才能让你充满野心，充满斗志。

虽然那些对手会给你增加不少压力，但他们确实能培养你的"野心角色"，进而培养你的"自恋"

意识。因此，你应该感谢那些所谓的"眼中钉"，他们对于你的成长有着重大意义。

但是，一个人想要理解这个道理，到达这个境界，需要长年累月的磨炼和丰富的人生经历。

自恋者的三号朋友——双胞胎

下面介绍最后一位朋友，这个朋友会让你时刻感受到"我不是一个人在战斗""世界上还有和我如此相像的人"，让你能感受到"共同体意识"，科胡特将之称为"双胞胎角色"。

这就好像在你抱怨工作太辛苦的时候，如果刚好有人赞同你的看法，"是，确实很辛苦"，那么他只是镜子般地反射；而如果对方和你说"别说了，加油干就完了""我就是熬过这关才走到现在的",那么他只是在激发你的野心;只有能和你产生共鸣的人才会说"太对了,我也是,我已经熬夜做任务了",这才是所谓的"双胞胎"。

这种共鸣仿佛你突然有了个双胞胎兄弟。想要获得这种感觉,首先就要做到主动坦白,但这似乎很有难度。

如果我们身处的环境要求我们即便完不成某件事,也要硬着头皮说"好的""可以",否则就显不出才能,或者我们的地位要求我们在极度失落的时候也要保持积极的心态,再或者我们身处的氛围要求我们再想哭也要保持微笑……在这种大环境下我们就不可能找到自己的"双胞胎"。

我们需要建立一种能让我们坦诚地向对方袒露自己的怯弱和无力的关系。只有建立这样的关系，人们才能做到主动坦白，才能获得双胞胎般的共鸣，"原来有人和我一样"。

我的来访者虽然也向往那些能做"镜子"、激发"野心"的伙伴，但二三十岁的来访者却更向往双胞胎式的关系，这点确实出乎我的意料。

比如有一个姑娘找到我，她对我说："没有哪个男孩子肯跟我相处。"于是我就试着宽慰她："我也是啊！最近我也被男生甩了，人家说'心理学家还真是不讨人喜欢啊'。"虽然对方还是有点吃惊，但我们之间的氛围变得和谐多了。

无独有偶，有一位男士也向我表示，他在单位找不到归属感。我同样宽慰他说："我也是。多亏我上电视才能有那么多学者看我的笑话，我在医院都被人家孤立了。"顿时我们之间的信赖感和整体感得到提高，而后的心理治疗也变得顺利多了。

现在的年轻人很喜欢在推特或者照片墙之类的社交媒体上被陌生人点赞，我认为这种对浏览量的执念，其实就是渴望有"双胞胎"般感受的表达。而在现实生活中，想要和身边人坐下来敞开心扉地沟通，"自然地"欢笑或啜泣……这需要一定程度的成熟和自信，而且同样需要日积月累。

不惑之年的理想"解决方案"

学过心理学，从事咨询行业的人都十分重视倾听和共情。因此即便对方的想法再不对、再极端，也会选择先认同一切，和对方说"你确实受苦了""原来是这样，我理解你的心情"。

因为大多数心理咨询师一般都会效法美国同行，以"无条件的肯定和关切"的态度面对来访者。这就是罗杰斯[①]的"当事人中心疗法"。这部分内容一般会作为大学心理系初级教学的内容，事实证明，只有怀着包容的态度，才能治愈别人。

如果人能长期保持这种充满关切和共鸣的交

---

① 罗杰斯（1902—1987），美国心理学家，"当事人中心疗法"创始人。

流，那么这个人烦恼的根源便会逐渐瓦解。我认为向来访者传达"这里就是你的归宿""我明白你的心事"之类的信息，特别是向儿童到30岁这个年龄段的来访者传达这种信息，能对他们起到非常积极的作用。

但是，40多岁的来访者已经不满足于此，他们急切地希望了解"如何才能治好自己的心病"。大多数处于这个年龄段的人已经不满足于所谓寻找归宿、排解寂寞、获得共鸣，他们认为眼前这些都是小事，重要的是寻找对策指导自己下一步该怎么走。他们的关注点开始转向与"发展"相关的话题。

这个年龄段的人终于完成了寻找自我的旅程，他们明确了自己的归宿，正准备迈向人生的下一个阶段。

心理学认为，40多岁的人正是"人生的正午"。正午意味着万能的朝阳已经远去，但距离安然目送夕阳的日子还有很长时间。因此这个年龄段的人对自己所剩的时间和体力都没有那么自信，不想再参与大事件、了解新生事物。但同时他们知道自己还不算太老，也不甘心无所事事虚度光阴，因此他们才会感到莫名的焦虑。这个阶段就是所谓的人生半途。

因此，人到了40多岁的时候，便不再关心语言上的共鸣，而更加渴求具体的策略，他们希望知道"今后该怎么生活""有什么收益"。

我在演讲会上讲过"快乐生活心理学"和"寻找自己的心理学"两个主题，这两个主题其实都是在指导我们如何认识自己，与会者大多是二三十岁

的青年人。而我的"工作中的心理学"和"人际关系中的心理学"课程,却更受 40 岁以上人群的欢迎。

此时,获得共鸣已经不像年轻时那么重要了,与之相比,当务之急是寻求解决方案(解决问题的方法)。

这种现象只有过了不惑之年,找到自己的归

宿，内心的定位也已形成，即实现了"对自我同一性的认可"之后才会出现。

找到自然的自己

从年轻人的角度看，40多岁的人完全就是大叔大妈了，他们的人生已经"结束了"。也有不少30多岁的朋友每天都感到焦虑，觉得自己要是不趁着40岁前做出些成就，到时候一切就都来不及了。

当然，我们不否定体力的界限和生理上的人体老化。但从内心充实的角度来看，这个时期，我们终于稳定了和"3个朋友"的关系，或者至少已经感受到了这"3个朋友"的存在，毫不动摇地爱上了自己。而且，我们也发现了自己内心的归宿，终于感受到了自由和解脱感。心绪不宁期已经度过了，也不用再为寻找自己而奔波，终于能把一切都归于自然。想要达到这个境界，就要在婴幼儿时期、青年时期就有一个复杂而现实的 40 年人生计划。

如果随着年龄的增长你能够感受到这一点，那么哪怕你到了 40 岁，创造力也不会枯竭。

Success

熟知自己的优点

30岁之后,延续心绪不宁期,"没有内心归宿","心绪仍旧不宁"。

我该怎么办?

POINT 1 在内心交到3个朋友:
①如母亲般守护你的"镜子";
②如父亲般对你严格要求的"野心";
③让你能自我坦诚、获得共鸣的"双胞胎"。

思维转换→得到3个朋友之后,就能让自己毫不动摇地爱上自己(承认自己的存在和价值)。

POINT 2 找到属于自己的归宿,确立内心的定位,确信自我同一性。

POINT 3 30岁时,心绪不宁期已经度过了,寻找自己的旅程也已经完成。

POINT 4 内心终于获得自由和解脱,言行变得自然。

POINT 5 获得自主探索未来解决方案的能力。

068 人生下半程：50岁后的幸福心理课

保持你的兴趣和好奇心

Q 为了能去国外旅游,和朋友练起了英语口语。本想多花点时间,好好上课,但水平一直上不去,渐渐失去了兴趣。

A 随着年龄增长,我们的想法也会发生转变,我们越来越认为"方法比努力更重要"。这样的人就不会对事物失去兴趣和好奇心。

人有两个种类。一种是"数量型",另一种是"方法型"。只有"方法型"的人才有永不枯竭的好奇心。

数量型的人常常关注量化,总觉得自己"努力不足、练习不够",他们天生爱努力。

比如他们给朋友买了一束玫瑰,结果对方没有表现出多么感动,那么他下次就会买20束,再不行就买 30 束……如果学了 3 小时，成绩还是不理想，那么他下次就会学 6 小时。如果他是一位棒球选手，不幸输掉了比赛，他可能就会练习好几百次挥棒！因为他们始终重视"分量"和"练习的量"。

这样的人，年轻的时候往往精力充沛，努力奋斗，其中不乏大获成功者。但随着年龄增长，身体素质下降，他们原有的套路似乎越来越行不通了。

比如参加复健运动、挑战新爱好时，他们仍旧认为"越努力越成功"，但他们的身体却已经吃不消了，因而兴趣也会逐渐衰减，即便继续死撑，动力、好奇心也会瞬间消失。

因此，随着年龄增长，我们有必要朝着"方法型"发展自己。

所谓"方法型"人群，就是不过度重视量化，而是会关心"如何改变做法"的一类人。他们懂得如果对方不是特别喜欢玫瑰花，即便增加花束的数量也无济于事，倒不如改变方法——"换个时机""算了，这次还是送点心吧""或许，去旅游也不错"。

不论是学习知识、方法，还是培养兴趣爱好，都不能只靠努力。如果一切都不顺利，就要想能让自己的心情好起来的方法（策略），比如"不在家看书了，去咖啡店看""边听音乐边做吧""边走路边在脑子里复习吧"。

年龄越大，就越不应该拘泥于"量"，而要尝试一些"聪明的办法"。习惯动脑筋，遇事先想想"这次用什么办法"，那么你就能带着玩游戏的心态，快乐地做事，不必耗费过多体力，却能继续保持自己的兴趣。

如果你身边都是数量型人士，他们老是抱怨"我已经受够了，没兴趣了"，这时候你越劝他"别说那些没用的，再努努力"，结果就会适得其反，他只会更加拘泥于量的积累，最终他更加难以摆脱原有的状态。你其实应该多给他们一些建设性意见，比如"我有个很有趣的方法，要不要试试看""你也试试这个方法吧"。这样他的好奇心便会再次萌发，也会愿意再去尝试。

3 天命，学会柔和便成熟

精力充沛地等待高龄期

就以往的经验来看，人一旦到了30岁，就告别了"由A得B"的简单思维，也应该见惯了人际关系的复杂性。而且30~50岁这个阶段，就应该寻找自己的归宿，即寻找自我。

我们现代人心灵的发展和成熟其实远比我们想象中要来得慢。没有人参加成人典礼之后一瞬间就真的长大成人了，而且实际上我们也没有必要瞬间长大。心灵的成长也是如此。

40岁后我们要培养面向未来寻找解决方案的能力，我们需要思考的是"好啊，鼓足干劲，想想如何活好人生的下一个阶段"。这是已经寻找到归宿的人才拥有的特权。

我们应该逐步了解符合我们所处年龄段的成功老龄化的概念，让自己的心态逐渐趋于成熟，这样我们人生的幸福感才能提高，我们才能在高龄期之前，始终保持一个良好的精神状态。

面临最大窘境的年龄

50岁以后，我们看待事物的眼光也会发生变化。一般来说，这时候距离我们退休还有"最后10年"。

50岁时,我们身上的职责可能会有很多,但我们已经不单满足于自己的工作,同时要开始引领、教育年轻的下属,希望他们能接替自己的工作。虽然这可能是我们一生中最忙的一段时光,但我们还要抽空去思考退休后的生活该如何继续。

家庭方面,我们虽然还承担着养育儿女的责任,但孩子很快就要离开我们,去闯出自己的一片天地。到这个年龄,我们仿佛站在了车水马龙、情况复杂的十字路口中央。

50岁之后,面对外界,我们一下子变成了所有晚辈的"人生导师"。

随着我们对事物看法的改变,我们内心的压力、精神上的疲劳都会与日俱增。

但是，过去的50多岁和现在的50多岁还是有很大不同的，这主要表现在身体健康程度和精神状态方面。正如30岁、40岁时我们心理的成长状态，我们现代人的内心发展与成熟已经不符合60年前的发展心理学理论了，换言之，我们的成熟度延后了

20年，在现在这个时代，人们的成长速度十分缓慢。虽然这算不上好事，也算不上坏事，但我们确实"年轻"了。

其实50岁后，很多人都开始认为"我不想照顾人，我更愿意自己去冒险"或者"我今后还想换个行业挑战一把呢"。另外，对于家庭生活，50岁后，人们的离婚率和再婚率都很高，由抑郁引发的自杀、自杀未遂（特别是男性）的比例也开始提高。

50岁后，我们心灵的开关似乎一下子就打开了。

经历了各种职位，我们开始期待并培养后辈，让他们传承衣钵。

不过我们还没有真的"垂垂老矣"，就身体状况而言，我们也还能奋斗在"第一线"。但是周围人对我们的看法变了,而我们要面对的家庭问题也开始增加。可以说这是我们一生中要面临最大窘境的年龄。

据我的经验,这个年龄段的来访者往往有如下特征:他们经常会跟我抱怨"丈夫和孩子都不知道我有多辛苦""领导永远也不知道我为了这份工作有多努力"。

下面分享一些真实案例。我搜集整理出了与211名51~57岁来访者的谈话要点。从表面上看,这些来访者的内心似乎都十分矛盾,他们往往会"后悔""焦虑""对外界评价不满",但另一方面,他们也会展现出"自信""希望"以及"挑战欲"。

这代人的内心常常伴随着矛盾、忙碌和慌张。

由于各种心理在内心相互碰撞，他们时而感到焦躁和苦闷，时而又感到委屈和伤心。周围人看到他们如此反复无常，便会感觉他们"太难缠""讲两句就要生气"。这或许就是这个年龄段的特征吧！

如果他们不能让自己稳健地走向成熟，即成功老龄化，那么在周围人的眼中，他们就是一群喜怒无常、恣意任性的大叔大妈。而且他们本人也会厌弃自己，更可能由此对自己的精神状况带来极坏的影响。

人生重建莫彷徨

对于性功能以及性吸引力，不论男女心中总会感觉"我还行"。正因为有这种想法，才有越来越多的人会选择离婚、再婚，从此展开一段新生活。

50岁后，我们的孩子大多已经长大成人，而我们自己则要调整生活的重心，让自己"重生"（reborn）。

越来越多50岁以上的女士开始尝试整容和抽脂。就像最近很流行的"美魔女"，不少人愿意努力打磨自己的外表，希望自己也能来个"大变身"。

另外，希望"提前退休旅居海外"的人同样开始增加。

与三四十岁的朋友不同，我认为50岁后更应下决心"破坏与重建"自己的人生。虽然好多年前就流行"工作生活两不误"的说法，但我们大多数情况下还是会优先考虑自己的时间成本和人生目标，并承担基本的社会责任。这种想法往往属于朝气蓬勃的年轻人，50岁后就很少有人这样想了。

但更值得关注的问题是，这个年龄段的人群的自杀率和自杀未遂率都不低。

说到底，50岁后，我们要面对很多生存危机，比如长辈与晚辈的人际关系、债务、被辞退、家庭问题等，这些都是具体且难解的问题。50岁后，我们既要一一解决这些问题，同时又要关注自己的人生，寻找救赎，在多重夹击之下，哪有精力再去考虑"破坏与重建"，而是干脆"破罐破摔"，只求破坏了。而且很遗憾的是，这样身心俱疲的人越来越多了。

跨过绝望的高墙

50岁后的人生课题就是跨过这道绝望的高墙。其实,我也接触过不少45~60岁的来访者,他们中间有人告诉我:"明天我就要单干了,我要辞职,然后跟人合伙开个面馆。"我劝他说:"你的人生计划书也太极端了,没有必要这么着急改变生活方式啊!"毕竟这样的做法太让人担忧了。

我接触到许多案例,其中的主人公往往竭尽全力让自己精疲力竭(倦怠综合征),最后他们的生活状况急转直下,患上心理疾病,甚至自残。

50岁后,社会需要你成为一个"指导者",对你的期望越来越大,但是你的身体和情感还不够成熟，而且你只想完成自己的人生，不想分心管别人。在深陷社会和家庭的窘境的同时，你还要努力奋斗争取"重建"自己的人生。

人们普遍认为，"重建"是否成功，完全取决于个人因素和外部压力。

心理学上，我们一般将之称为"个人因素 × 外部压力模式"。所谓个人因素，包括基因、性格、思维模式、经验、价值观等本人的"内心特质"。而外部压力则指成年后开始出现的金钱问题、人际关系、家庭关系、社会状况等与自身状况无关的外界因素。

内因乘以外因，其结果便能让我们的内心波澜起伏，甚至影响我们的心理健康。请看下面这张图。

```
个人因素 × 外部压力 = 结果
```

内心特质：基因、性格、思维模式、经验、价值观

外部因素：金钱问题、人际关系、家庭关系、社会状况

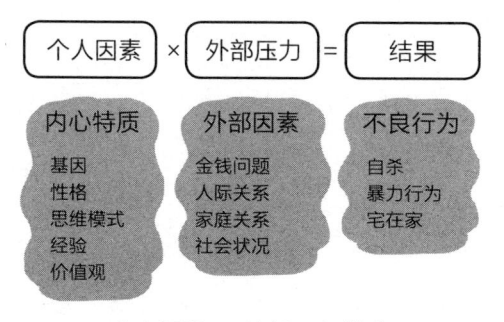

不良行为：自杀、暴力行为、宅在家

个人因素 × 外部压力模式

我们就来按照这个理论去思考一下50岁后开始增多的"把人逼上绝路的绝望"（自杀倾向）吧。如果某人身处一个外部压力低的环境（压力值为5），但他的个人因素导致他做人十分消极，情感又过度细腻，而且又容易冲动（个人因素值为100），那么他的自杀概率是相当高的。

相反，若一个人身上背着一身债务，而且妻离

子散，整个人都深处极度高压的环境中（压力值为100），但在个人因素方面，他却是个无忧无虑的乐天派（个人因素值为0），那么这个人则完全没有自杀的可能性。因为"100×0"的结果还是0。

50岁后最应该达到的心境是后者，那是一种平和舒缓的心境。但遗憾的是，这个年纪本身就充满压力，我们真的很难拿出这个"0"来应对。因此我们的最大课题就是，如何让那些逼我们走上绝路、选择自杀的"个人因素"无限趋近于0。换句话说，就是培养乐观地看待事物的能力。

当然，我所说的乐观并不是完全不负责任，我只是在告诉你们，与其带着抑郁和自杀的念头一辈子沉湎在痛苦之中，只能靠家庭和社会为你提供支持，倒不如表里如一积极向上，生龙活虎地继续生活。

下面就来介绍一下培养良好心态的具体方法。

"个人因素×外部压力模式"适合于各个年龄段。

但是就我个人接触过的临床案例和研究案例而言，尤以45岁到50多岁的人群居多。当我们度过了从十几岁到30多岁的所谓心绪不宁期，到了不惑之年40岁，才能发现自己的人生归宿。正如前文所述，即便到了这个年龄，我们的内心仍旧不如老年人成熟，我们还会不断追问自己该如何生活，自己到底是个怎样的人。伴随着这无穷的追问，我们终于来到了天命之年50岁。

在回顾一路走来的成功经验和挫折经历之后，

我发现，人只有到了40岁，乃至50岁后才能认清自己的个人因素（性格、思维模式等）。虽然我的推论不一定正确，但这至少是我在多年咨询师从业经历中总结出的规律。

那么我们要如何应对这些压力呢？

根据我20年从业经历中的实际心理疗法案例来看，以下两个方法的效果最为明显。

多想想"可能"

容易产生绝望情绪的人，往往会认为事情"绝对是这样""百分之百会朝这个方向发展"，或者"这绝对不可能"，他们一贯坚持非黑即白（非全即无）的思维模式。

这类人在面对压力时会显得格外脆弱。

比如领导突然对你说："明天我有事找你，你留出时间啊！"你会做何感想？

如果你是个坚持非黑即白的人，就会琢磨"肯定是要商量辞退我"，随后你的大脑就会被所谓百分之百的可能性支配。

再比如，你家孩子的考试成绩不甚理想，你会怎么想？可能你满脑子都是最坏的推论——"我家孩子这辈子连工作都会找不到！"

我经常把人脑比作"饼图"，如果凡事都非黑即白，那么你脑子里的饼图就是全部涂满一种颜色的状态。人如果只承认一种可能性，那么导致他罹患心理疾病的风险也会陡然而增，这个人可能会失眠、焦躁或者食欲不振。

我一般会让有这种心理问题，甚至由此发展成抑郁症的来访者练习把自己的饼图做"精细划分"。换言之，如果他推断"被辞退"的概率为100%时，就要立即停止思考，然后劝劝自己："就算是百分之百被辞退，但这么重要的事儿哪能明天就让我卷铺盖走人呢？这个概率又能有百分之几呢？"

简而言之，你要在笃定一种"必然"之前，冷静下来仔细思考，把饼图五等分，你笃定的"必然"只是五分之一。此时"必然被辞退"就变成了"可能被辞退"，而且概率也只有20%。

这样一来，你脑中的饼图再也不是黑漆漆的一片，其中80%已经变成了其他可能性。

如果是我的话，我会这样思考：

"也许是领导办公室的空调坏了呢？有15%的可能性是他想让我帮他搬办公室。"

"听说他闺女要结婚了呀！有15%的可能性是他想让我去主持婚礼。"

"马上要到转岗季了，那就有15%的可能性是他问我下一步的打算。"

……

15%+15%+15%，这些可能性就占了饼图的45%。

不要一下子就肯定100%"被辞退"，而是要多考虑几种可能性，不要让饼图一团黑，而要尽可能地多给它涂几种颜色。

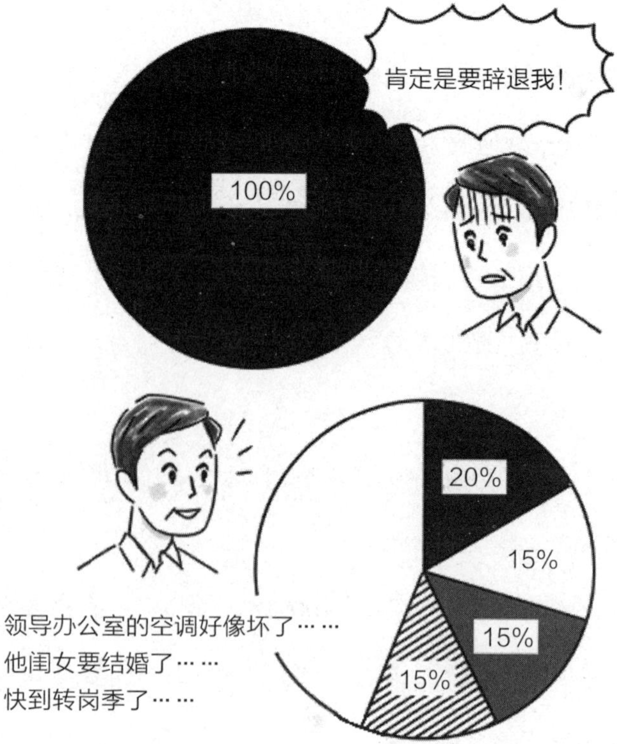
肯定是要辞退我！
100%
20%
15%
15%
15%
领导办公室的空调好像坏了……
他闺女要结婚了……
快到转岗季了……

年轻的时候我们会觉得，如果自己能斩钉截铁地说"一定是这样"，这就代表自己有魄力，很帅气很潇洒。但到了50岁后，如果还是保持这种作风，你就会身心俱疲。哪怕有一点压力，你都会变得绝望，变得胆怯。徒增抱怨更可能会提高你罹患心理疾病的风险，也会让你遭遇周围人的白眼。

我们能找到自己内心的归宿，其实已经耗费了太长时间。但我们会因为这"非黑即白"的思维模式而再次失去归宿，最可怕的是，60岁之后还想再次找回内心的归宿就非常难了。

不论遇到多么棘手的事，我们也要告诉自己"原因可能就是×××，而且概率顶多30%嘛！""可能没法彻底改变了，但是完全不能改善的概率也就

10%吧！"学会凡事多发现几种可能性，就是这个年龄段实现成功老龄化的重要课题。

量产"面具"

不论是谁，随着年龄增长，我们都会形成一种与你儿时大不相同的"面具般的性格"。在心理学教科书中，我们把这种性格称为"功能性格"。它就好像西方假面舞会上使用的面具，面具展现的自我就叫作"人格面具"(persona)。

顺带一提，"persona"就是表示人格、人品的"personality"一词的词源。

我经常听人说"我好想了解那个明星的人品啊"或者"我想知道自己真正的人格"，但相较于反躬自省，人们更希望了解周围人对自己的看法，以及他人对自己人品的评价，可惜这种想法还是过于肤浅了。

40岁前，我们喜欢追求各个方向的发展，甚至到了宁滥勿缺的程度。

有时候我们想做个好上司，有时候我们又想做个好下属。不论是在工作中还是家庭生活中，我们想要扮演的角色实在太多了。工作时我们经常需要在"销售员"和"宣传员"之间无缝转换。到了家里我们又必须做好爸爸、好妈妈。之后我们还要参加家长会，此时我们又要和其他孩子的爸爸妈妈打交道。有时候我们还必须在公司年会上"露一手"。我们往往刚习惯一个角色，马上又要投入下一场戏。

虽然这看上去似乎让人精疲力竭，但我们年轻时总希望自己内心强大，因此即便身心俱疲也会竭尽所能去扮演好各种角色。能适应各种角色，分分钟无缝转换，恰恰证明人的内心强大而充实。

比如我们在公司团建的时候，被人家逼着扮演"临时老总"出尽洋相，但只要我们心里想着"家里

还有孩子在等我,还有人会对我说'爸爸,你回来了',还有人等着我抱他",那么你就会有勇气撑下去。

比如我,虽然是一名心理咨询师,但也会被电视台请去参加娱乐节目。那时候,我就要扮演类似搞笑艺人的角色,私生活的时间都被无情剥夺了。但一想到随后要去学会讲课,学生和其他研究人员都会对我投来羡慕的眼光,我便会认认真真地参加录制,富有感情地发表言论了。我本人和我扮演的角色简直就是两个极端。

因此,当我们扮演好几个角色时,就要养成自我反思的习惯,告诉自己"现在这个角色即便演不好也很正常""感觉累了、倦了就尝试换个新角色,心态放平就好"。

50岁后，社会对我们的期待太多，而这就是压力的来源。我们一定要学会平和冷静地自我分析。

因此，50岁后我们并不需要把之前扮演过的角色一一雪藏，束缚、压制自己的个性，而是要努力让自己的"面具"越来越多。我认为50岁后，保持年轻态本身就是一种成功老龄化。

同样是50多岁，人和人的差距十分巨大，而差距就在于，有的人完成了"破坏与重建"的升华，而有的人却只会破坏，把人生引向绝境。

事实上，那些能扮演好5个以上角色的人是不会轻易患上抑郁症的。

他是一位父亲、丈夫、老总、卡拉OK迷、高尔夫球迷、集邮爱好者、摄影爱好者……这样的他，脸上常常挂着明媚的笑容。

我们也能进一步推测，这样的人即便到了高龄期，也不会过于悲观。

Success

一颗温柔的心

焦虑苦闷,时常抑郁悲伤,这个年龄段的人喜怒无常,或阴郁或激昂,实在难以捉摸。

我该怎么办?

POINT 1 下定决心进行人生的"破坏与重建"。

POINT 2 以个人时间、人生为中心考虑问题。

POINT 3 保持一颗平和温柔的心,正确处理压力。

POINT 4 凡事不能单看一面,而要多设想几种可能性。

POINT 5 不要限制自己的角色和性格,不同场合要戴上不同的"面具"。

CHECK
1. 看看自己能扮演多少个角色?
2. 你怎么看——
"有个好久没有音信的朋友突然说要来拜访你"。

第一章 中年期：拓展、散发魅力 101

前途未卜也无须迷茫

Q 兢兢业业地做好这份工作,但感觉前途已经尘埃落定,不由得时常会扪心自问,到底每天都为了什么?

A 在平时的聊天中,我们不应该只关心自己的目的,而要关注作为人的生活状态、生活方式。不能只想"要这个、要那个",而要思考"我想怎样生活",这样的人生才更幸福。

如果我们只拥有一颗"渴求改变之心"(wish to become),希望自己能考下5个证书,或者身体强壮,能参加10公里马拉松,这样我们的内心还是难以满足。不论数字多么光鲜亮丽,到最后我们还是不知道自己存在的意义,还是会感到一种莫名的空虚。

产生空虚感的原理和一个留级生经过努力终于考取了理想的大学，但入学之后便荒废学业一样。还有一些人给自己立下了"30岁前必须结婚"的目标，结果这样的一对新人婚后不久，感情便进入了冰河期。这和空虚感产生的原理也十分相似。

我们要用发展的眼光看待成功老龄化，而不能只关注结果。

我们应该常常怀着一颗"渴求成长之心"（wish being），比如"我要做个积极的人""我要做个敢于拼尽全力的人"。我们应该追求那些让自己更容易感受生活质感的目标。

只有这样，当我们的计划不能顺利进行时，我们仍能保持坚强，因为我们已经不会轻言放弃，不会给自己找借口了。之后我们又会重新站起来，朝着目标继续进发。

拥有"渴求改变之心"和"渴求成长之心"的人，即便遭遇失败和挫折也不会灰心丧气。他们既知道自己想要做出怎样的改变，也了解以何种姿态朝目标前进。若想长久保持对生活的希望，我们就一定要开动这两台"马达"。

年龄越大越容易忘记初心，越容易忘记应有的生活态度。

人如果只关注结果，一旦遭遇挫折，便会瞬间意志消沉。

如果你周围有这样的朋友，那么对于他行动的结果，我们就不应该简单地做出"成功了啊"或"失败了呀"之类的评价，而要告诉他"不论结果如何，你努力的样子真的太帅了""结果虽然不太理想，但我佩服你的努力"，这才是正确的宽慰方式。

想要找回真正的人生目标，就一定要拥有"渴求改变之心"和"渴求成长之心"。

第二章

**高龄期：
提升、磨砺自己的能力**

1　花甲，一张复杂的精神网

"花甲"又何妨

可能因为我本人是一位女性咨询师，因此在面对女性来访者时，我更能敞开心扉，开诚布公。在接触很多女性案例后，我发现这一代人最关心的还是"如何给两性问题和一段恋情画上休止符"。

和二三十岁的"恋爱烦恼"不同，年轻时他们往往关心"如何获得意中人的芳心""如何提高自己的魅力，胜过对手""了解对方的内心感受"，而这些主要属于获得感（gain）诉求。

但60岁以上的来访者却不再关心这些了。他们的内心往往被丧失感（loss）束缚，他们开始觉得"我要和伴侣相互扶持直到生命尽头，但我又何德何能呢""我还有男人（女人）的魅力吗"。

难道上了年纪就要和男性魅力、女性魅力彻底诀别吗？不会，至少不该有这种想法——这其实就是60岁之后人生的分水岭之一。

据说在日本几乎所有的夫妻都对夫妻关系评价一般，总会有一些无奈和不满。虽然有些夫妻会有"退休综合征"（退休后开始心情抑郁，译者注）或选择"退休即离婚"，但大多数夫妇还是会携手走到最后。

欧美等西方国家的夫妇退休后普遍会同时接受

心理干预或者暂时分居。

因此只要当事人能感到一定的幸福感,就无须深究背后的心理因素。

但就我的心理咨询工作经历而言,60岁后,也是失眠、抑郁、神经质等精神疾病的暴发期,这类人正是我接触最多的来访者。他们往往会告诉我,他们对自己配偶之外的人产生了爱慕之情,甚至有性的需求,似乎只有对我坦白才能让他们心安理得。或许是60岁前,他们为社会服务,努力彰显自我,维持生活,却压抑了自己的感情吧!

受社会制度影响,日本人60岁后就要努力让自己学会顺从。但我们并不是突然变老的,而是从出生起日复一日、年复一年地成长的,不觉间人生已经来到了花甲之年。因此无论社会如何要求你做个"隐士",让你体验"慢生活",我们本身的身体状况既不会突然变坏,好奇心以及欲望更不会猛然衰减。

甚至对异性的爱慕或者脸红心跳之类的恋爱般的感情,也不会因为"花甲"而"退休"。

正如前文提到的,人内心的变化是潜移默化、自然而然的,而能够平淡、顺畅地接受这种变化就是成功老龄化的关键。

谁动了我的自行车?

60岁后,由于夫妻二人同时在家的时间增多,我们可能会出现焦虑不安、精力不足的现象,而且这种情况尤以女性居多。这也是"退休抑郁"和"退休后即离婚"呈现流行趋势的原因。

一项针对60岁以上人群的调查显示，40年前，也就是这代人20多岁的时候，当时男性的结婚年龄普遍为27岁左右，女性为25岁左右。在他们那个年代，根本没有人40岁之后才考虑结婚，也没有人会选择"只同居，不结婚"。

如今60岁以上的夫妇，其实已经相敬如宾、耳鬓厮磨了将近40年，他们携手抚养儿女，经济上互帮互助，还要共同处理家庭琐事，维护家族的声誉，当然也有吵架拌嘴和互相误会的时候……这些都是他们日复一日的生活！而且这样的岁月已经占了他们三分之二的人生。我们长期和同一个人共同生活，总会产生精神疲劳。

"我们终于可以白头偕老了！我们过两天来一次温泉旅游吧！"——这样堪比肥皂剧的幸福生活，在所有夫妻中能占百分之多少呢？

前文提到，50岁后离婚率普遍提高，现在想来那些看似和和美美相敬如宾一起携手走过40岁、50岁的夫妻，反而是因为过度压抑了自己对别人的爱慕之情吧！

下面再分享一个来访者的真实案例。

有位67岁的老大姐，外表看起来很朴素，就是那种街上一抓一大把的老阿姨。她的丈夫是公务员，他们俩养育了三位千金。这位老大姐简直就是家庭主妇的典范。她一进咨询室的门，我就发现她面带怒容，紧接着她上气不接下气地向我诉说她的遭遇。

她把自行车停在了车站东口,等她回来取车时发现自己的自行车已经被拖走了。老大姐惊讶之余连忙询问警员具体情况,人家让她去西口派出所。她急急忙忙赶到西口派出所,结果那里的警员又让她去东口派出所。于是她又赶紧跑到东口派出所。东口派出所告诉她"你去西口派出所问问"。这一来二去,她急火攻心,一口气没上来当场晕了过去,最后让救护车把她送到了医院。她觉得自己太冤了,平白无故被踢皮球。她也不知道下一步该怎么办,而且她很想知道:"谁动了我的自行车?"

怒气从何而来

我发现,和这位老大姐交流越多,就越能发现她那些惊人的小秘密。

我和不少60岁以上的"老淑女"交流过,她们来做咨询的内容和理由十分清晰,而且最开始都带着沉重的话题,比如"我家孩子成天到晚宅在家里不工作""老公心肌梗死,人没保住,我现在难受得连饭都吃不进去",等等。

但各个年龄段都有不少来访者一上来就跟我聊"谁动了我的自行车"之类无关紧要的话题。

当然,我讲的这位当事人的问题根源自然不是"找自行车"这么简单。这种没来由的恼怒就是所谓的"遮蔽效应"。有这种情况的朋友,在接受心理咨询时往往都有此种表现。

一般而言,当事者自己是不会意识到这种情况的,而且当他们陷入慌乱的时候根本认识不到,折磨自己、让自己恼怒的真正根源在哪里。不只是60多岁的来访者,任何年龄段的来访者都有类似状况。

因此,作为咨询师,我们必须尝试把来访者从遮蔽状态中解救出来,帮他们找到核心问题,并且也有必要为来访者做长期咨询(我的经验是,一般第三次来,来访者才能发现核心问题)。

不只是来访者,面对家人和朋友,我们也应该不厌其烦地跟他们交流,但不要试图和他们争辩而要肯定他们,同时提出问题,逐步引导他们找到核心问题,这便是和这类朋友沟通的秘诀。

60 岁的恋爱烦恼

在实践过程中,我逐渐发现了他们身上的某种共通点。在给他们做咨询时,他们往往会惊觉"原来我的问题不在这里,而在那里"。

"那里"指的就是恋爱或者和恋爱相近的、对于异性的迷恋。即便我一句不问,当他们第二次来做咨询的时候,也会突然把话题转移到自己的身上,主动告诉我他们的"恋爱烦恼"。

8年间,我接触了超过100位年龄在59~61岁的来访者,下面我们就来看看他们的咨询记录吧。约30%的男性来访者都有所谓"成人世界的恋爱烦恼",

但他们最开始是绝对不会和我开门见山的。而女性的这一比例则高达45%。这组数字难道还不够惊人吗？

确实，年过花甲再闹出什么男女问题，谁脸上都挂不住。因为社会上对这种事情普遍讳莫如深，所以作为成年人，他们虽然难以主动谈及此事，但也会随着心理咨询的进行，自己在心里默默地做出分析。之后他们就会发现，虽然这个年龄段所谓爱情的烦恼，已经和二三十岁时的性质不同，但两者间的差距并没有想象中那么大。

与年轻人不同，这个年龄段的人已经有了配偶、子女甚至孙辈，而且现在社会上有不少人仗着"我都这么大岁数了"的歪理，就倚老卖老做那些苟且之事，所以让他们主动谈及自己的恋爱烦恼实在有些困难。毕竟谁还能用"花边新闻"来庆祝自己的六十大寿呢？因此，如何在"面子"（体面）和"里子"（真心）的夹缝间寻求一线生机，这需要一定的技术。而这才是我要带领各位探讨的问题。

自行车朝何处去？

我们接着上文继续讲那位 67 岁丢了自行车还被派出所"踢皮球"的老大姐的故事。她曾一度把她的经历和家人、朋友分享，结果大家都劝她"别想得太多""再买一辆算了""你气成这样不值啊"。如果我们站在她的家人、朋友的立场上看，大概也只能做出这样的劝解了。

但是，我始终相信这位来访者的"病灶"肯定不在什么"自行车",所以我不会劝她忍忍算了。如果劝她忍忍,这就好像突然在来访者心里堵上一个塞子一样,白白浪费了交流的机会。

虽然这位来访者让我印象十分深刻,但我还是选择默默地听她倾诉,时不时地点点头作为回应。她讲完之后,我表示感同身受,接着对她说:"你这次真是太委屈了,四处碰壁确实太让人痛苦了。"

结果她的情绪好似大坝决口一般,突然放声大哭,就连我也被她吓了一跳。

可能是第一次有人对她如此关心,她才会如此失态。我从她饱含热泪的双眼中分明看到了渴望,她希望和我进一步交流!她那时的眼神让我至今难忘。

我要再提醒各位一遍,这位来访者可不是懵懂的少女,而是年近七旬的"资深熟女"啊!

结果,那天咨询结束后的第四天,她又来找我咨询。

这次她的神态已经和上次截然不同了,她这次显得平淡而冷静,开口第一句话就对我说:

"我有喜欢的人!我背着丈夫在外面有两个情人,他们俩都说爱我。这下我成了脚踩三条船的坏女人了!而且我们仨都是有家庭的人啊!"

原来是这样。

看来自行车不在东口,也不在西口,我似乎找到了她此前惊慌失措的"病灶"。

随后我再也不和这位老大姐谈什么自行车了。首先我对她的人际关系和家庭关系表示认可,然后又让她慢慢整理自己关于恋情的心路历程。我发现她稍微平静了一些,而且眼神也恢复了些许神采。

她对我说:"这么大岁数,也可以爱上别人吗?你说是不是啊?我还想堂堂正正地做人啊!"我清楚地记得,说到这里,她猛然抓住了我的手。

60 岁的课题:深沉的神交

六十年一甲子。

如果我们把花甲定义成"再次回归孩提蒙昧,展开第二次人生",那么从心理学的角度来说,这其实也是一种误解。花甲绝对不是把之前走过的人生旅程"再走一遍"。

60 岁后,某种意义上确实是一次重生。我们开始再次渴望友谊、渴望恋爱,宛如回到少男少女时代。

但此时，我们渴望的"性质"却和少男少女大不相同。相较于现实的、社会性的、肉体上的接触，我们的内心其实更为期待那种精神上的、神秘的人际关系。

我们讲的这位67岁老大姐的故事绝对不是什么特例。就我的咨询师从业经验而言，即便八九十岁的朋友，也会有这种"花花心思"，他们既有多愁善感的时刻，也有怒不可遏的状态。

人的一生很长，每一步都是青春年华。

我在职业生涯中接触过很多这样的案例，兜兜转转，他们心中纠结的还是恋爱这件"小事"啊！但是和他们聊多了，我终于发现，他们才不是人们常说的"为老不尊""人老心不老"呢！

即便60岁之后，我们还是应该大胆去爱！不仅会对身边的异性暗生情愫，我们可能还会突然摇身一变，成了个"饭圈师奶"。令我记忆犹新的是，一部韩剧里，男主人公居然被一群大妈追捧。

像前文提到的那位老大姐一样，脚踩几条船、出轨的中老年人真的不在少数。看来，上了年纪之后，我们的精力、体魄虽然都在衰退，但还是有旺盛的"心气儿"（精神力量）。

60岁开发新技能

心理学家弗洛伊德①断言人类生命力的根源来自"性欲"。经过对超千名受试者的大规模临床研究，科

---

① 弗洛伊德（1856—1939），奥地利心理学家、心理医生，精神分析学派鼻祖。

学家证明了不论年龄多大,对于性的渴望永远不会衰退,而强行压抑性欲,则会导致抑郁和歇斯底里。

对于60岁以上的人群而言,他们的性压抑往往来自年龄和社会地位。我和很多60岁以上的朋友交流过,他们都表示自己体内还压抑着对性的渴求,但总被"花甲之年"的大帽子压着,只能选择隐忍克制。

虽然我们口口声声说恋爱的烦恼根本不是60岁后该考虑的问题,但事实上为此揪心的中老年人远比我们想象中多得多。而且越是有这方面烦恼的人,他们的事业越是风生水起,生活越是充实丰富,内心越是自强不息。

我们对这方面的认识显然太落后了。如果去巴黎或纽约走一遭,你就会发现黄昏恋已经是十分平常的事了。

在咖啡馆你可能还会看到40多岁的男士牵着一位70多岁女士的手,而公园里则每天都有上了年纪的红男绿女执手相拥。这是多么美好、多么自然的风景线啊!

在欧美国家,恋爱其实就跟衣食住行一样,只是日常小事。而且这些国家里60岁以上人群罹患抑郁症、神经系统疾病的比例仅为日本的二十分之一。这和恋爱似乎有着密不可分的联系。

我觉得,恋爱正是治疗各种心病的特效药。

即便我们没有坠入爱河,也能享受友爱、憧憬、亲密、思念、眷恋……这些与人类精神世界密切相关的丰富情感(据说养宠物也有类似效果)。而这些情感与60岁后的成功老龄化密切相关。

Success

加深与他人的交流

退休离职后,人生才进入第二乐章,
人际关系走向复杂。

> 友爱、憧憬、亲密、思念、眷恋……这些情感都能让我们的精神世界更加丰富!

保持好奇心

Q 我本来特别喜欢看书,但最近没有什么想看的书了,而且对其他事情也没有太大兴趣。

A 虽然上了年纪,却仍对万事万物充满好奇的人往往都有一些共通点。

那就是,他们常常会琢磨"这是个啥呀",或者感叹"这可太神奇了"。在他们看电视、读书,或是和家人聊天时,他们往往不会"左耳进右耳出",而是积极地发问:"这是什么?这里我还不明白。"只要一个人心中常常怀着各种疑问,那么他的好奇心就永不会丧失。

批判性思维在我们年轻时十分活跃,但随着年龄增长，会逐渐衰退，这就是我们变得圆滑的原因。从好的方面看，我们越来越温柔，越来越能同情别人，但它的副作用是"好奇心丧失"和"对事物缺乏热情"。

阅读浏览电视新闻和报纸时，好奇心旺盛的人也不会"静悄悄"地看，而是会对内容频频吐槽，（说难听点）屡屡找碴儿……一旦让他们逮到了"差错"，他们就会找其他书籍做参考，或者寻求他人的帮助，再不济也要上网搜索一番。更有甚者会特意去听课、参加研讨会。总之，他们为了解开"谜题"会积极地展开行动。

如果你发现你的家人或是伴侣做什么都提不起兴趣，好奇心逐渐丧失，请你一定要主动和他沟通。

你应该对他说:"这是什么?好神奇啊!"反过来,如果这次的菜做得不太好吃,或者自家种植的蔬菜和花卉长势不好、结不出果实的时候,你只是轻描淡写地告诉对方"没事的,我看做得还可以呀"或者"可能是这个品种的特点吧!没事儿没事儿",那么对方的好奇心和求知欲就只能止步于此了。

我建议你换个表达方式:

"哎呀!太奇怪了,以前你做得可好吃了!"

"真奇怪啊!可能咱们还需要好好研究研究!"

"和爸爸做的味道不一样啊!他是不是有什么诀窍呢?"

总之,每天都要想方设法让对方多尝试,从日常小事做起。

像这样帮助他们重拾批判性思维,远比轻描淡写地安慰更能激发对方的好奇心,更能让对方争取进步,也更能让对方的心态变得年轻。

有消极情绪时

Q 不管做什么都提不起兴趣,一想到将来就要靠退休金过日子了,而且身体也不一定能保持健康,我就再没有什么勇往直前、探索新知识的想法了。

A 对人生中遇到的一切都积极应对的人才能提高自己的幸福感,而且这样的人不论是身体还是心灵都更显年轻。

但是当一个人有消极情绪的时候,我们没必要逼着他积极些，求着他多微笑，如果强求反而不好。

任何人都有无缘无故感到烦闷、悲伤或心情阴郁的时候，这是极其自然的事。虽然我们理想中的人生就应该是积极向上、充满希望的，但我们也不能简单地认为，积极心态就是好的，消极心态就是坏的。心理学认为，人的任何心境、任何情感都是有意义的，情感并无优劣之分。

近几年"积极心理学"作为心理学的新门类，尤为流行，但与此同时也有很多学者在努力研究消极心态的作用。不断有实验证明，人在情绪消极的时候，更能认真、仔细且准确无误地完成工作。

有这样一个实验，首先给一组受试者播放令人情绪低落的音乐，使他们产生消极情绪，随后研究人员发现，这组人计算的失误率较低，语言表达和文章内容也显得冷静、清晰、有条理。就连诸如"对你而言什么才是重要的""你的内心诉求是什么"之类的引发人们深思的问题，他们也能对答如流。

换言之，虽然在心态积极时，人们会乐观向上，但在心态消极时，人们则更容易深入思考。

事实果真如此。据我所知，有些朋友身患重病，每日与病魔抗争，人生已经跌入谷底，但正是此时，他们才会理解人生的真谛，才会深入思考自己的人生过往并开拓人生的新领域。

当我们有了悲伤情绪的时候，大可不必强迫自己一笑了之，倒不如把它当成一次冷静面对自己人生的机会。

而且,在情绪低落的时候,我们还可以深入思考一些沉重的话题,比如:"之后的人生,还有什么事情需要我们完成?我们有没有想要对家人表达的情感,对他们还有什么寄托?"

2 古稀，内敛的力量

"你看上去心情不错啊！"

"这是秘密哦！商业机密！"（他在看我，是喜欢我，还是讨厌我……）

内化思想之美

在我们的观念中，人一旦过了 70 岁，恋爱的力量不应该向外发散，反而应该向内收敛，这才是美好的。正如世阿弥（日本室町时代的戏剧演员和剧作家）所言"隐秘乃为花"，自古以来东方人都不习惯过分表现出爱意，而认为能把爱意藏在心中才是美好的。这可以说是东方人独有的美学吧。如果我们能顺利达到这个境界，等到70岁后我们就能实现真正意义上的成功老龄化。

迄今为止，就我的咨询经验而言，30岁左右的来访者中，仅有35%表示自己有"绝对不能跟外人说的秘密"，而70岁以上的来访者中，这一数字则高达98%。

而且年轻人的秘密主要包括内心压力以及能引发依赖症和神经质的内心阴暗面等，而上了年纪的人的这类和心理疾病相关的秘密还不到年轻人的一半。年长者不再把这些"小秘密"当成秘密，他们可以轻易和别人谈起这些事情，而且能迈出这一步的人越来越多。

正如本节开始的对话，上了年纪之后，我们甚至能把很多没说出口的话憋在心里，进而自嘲一番。

年龄大了之后，我们的生活难免遇到很多困难。但一个人生活了70多年，我们对很多事情的态度都变了，我们开始"不在乎"。并且即便有人让我们说出不能说的秘密或者有人触碰你的软肋时，你也能轻松化解，那就证明你已经实现了成功老龄化。

但是如果你经常把（我觉得在心理学上，这算是一种诅咒了）"我都一把年纪了""我是不懂这些的"之类的口头禅挂在嘴边，或者身边人经常给你泼冷水，那么你就不会拥有这份从容不迫和年轻的心态了。把话藏在心里，留些秘密给自己，这些其实都是你快乐的源泉，因为只有你才有决定哪些才是"秘密"的权利！相反，如果周围人经常告诉你"你都一把年纪了"，天天给你上一课，朝你泼冷水，久而久之你的脸上就会写满抑郁和无奈。而且老年人如果长期处于这种环境中，便会愈发多愁善感，言语中也多会充满悲观的情绪。

全世界都在研究人们保守秘密的心理，大致上看来，年轻人的秘密往往是苦涩的，而年长者的秘密往往甜蜜。秘密变得甜蜜，自然也是成功老龄化的应有之义。

"我有个很神奇的秘密哦，嘿嘿嘿""太不好意思了，这件事只有我知道哦"，这样的心态并不会让你容易感到烦恼，反而能让你十分愉悦，这就是我心目中70多岁的人应有的精神状态。

心中常念"替代品"

下面我们暂时把视角转向幼儿时期的成长心理学。

心理学家温尼科特[①]发现，幼儿即便无法直观地感受到来自父母的关爱，也能将父母的关爱"内化"（即便父母没有陪伴在他身边，他也能在心中想象到父母的关怀和陪伴）。所谓内化，就是即便施与关爱的对象并不存在，随着孩子的成长，他们也会感到"我的内心充满爸爸妈妈对我的关爱，我很幸福"。

---

① 温尼科特（1896—1971），英国心理学家、儿科医生。他通过观察母子的互动行为，提出了发展心理学理论。

国外有一种"安全毯"的说法。他们认为一旦关爱的人一直不在身边,孩子就会寻找替代品(如毯子、毛巾、玩偶、衣服、玩具、饭碗等),会对这些替代品表现出强烈的依恋,甚至寸步不离地带在身边。

我们应该如何解释孩子们的这种行为呢?对此温尼科特认为,父母的关爱不可能永远跟随一个孩子,而孩子为了把这份关爱内化在心中,就必须寻

找一些类似毯子、毛巾之类的小玩具,把自己对父母的依恋转移到这些东西上。当然孩子也会用其他的小玩具来作为依恋对象的替代品。

而且一旦孩子把这件和他们形影不离的小玩具遗忘在某处,或者干脆不再携带,那恰恰证明你们的亲子关系相当不错。他们不再渴求和父母寸步不离,当然也不会再对区区一件小玩具产生依恋了。其实,孩子是通过小小的一件玩具,把父母的关爱内化在自己的心中的。

同时这也是年幼的孩子逐渐离开父母的过程。父母不在孩子身边的时候,他们也会回忆起父母的温柔,而他们紧紧抓住"安全毯"的行为,恰恰是因为他们能从那里感受到关爱。

虽然我本人没有类似的经历，但周围的朋友却都如此。在面对友爱、恋爱等各种人间真情的时候，他们几乎不会跟对方表达自己的感受，更不会发出"你为什么不能永远和我在一起呀""不要让我一个人，我好孤独"之类的感慨，而是通过内化，让对方常住自己的内心，人正是这样不断变得成熟的。

我认为只有年逾花甲，从某种意义上重获新生的人才能达到这种境界——把一个人内化进自己的内心。心怀爱意，虽然相思不相守，但也有对方的照片、信件和小礼物代替他守护着你。回想起他的一颦一笑，无不让你欢喜、雀跃。回想一下往日的欢愉，或者轻轻抚摸这些不起眼的物件，他的声音和温度就会充满你的内心……这种形式的恋爱，是年轻人绝难理解的。年轻时，我们不能忍耐爱的孤独，总企图靠一通电话、几条信息就把对方拴在身边。

年轻的时候，我们一腔热血。在那时的我们看来，恋爱无外乎表白、被拒绝、"你喜欢谁""别人怎么看待我""他喜欢什么"……其实恋爱背后有很多实际的目的，比如结婚，组建家庭。但那时我们的物质生活并不充裕，只有精神世界丰富多彩。

我们到了 70 岁之后，才能从社会责任和精神上的束缚中得到解放。比如我们在生命中遭遇了一段不能言说的恋情，此时的我们也不会追求肉欲上的满足，或者和现任配偶离婚，而是保持当下的生活，同时把爱恋"内化于心"，这便是内敛之美。

想要预见 100 岁的自己

——葛饰北斋 70 岁的挑战

《富岳三十六景·神奈川冲浪里》
（千叶市美术馆 藏）

下面给大家讲讲众所周知的葛饰北斋[①]的故事。

[①] 葛饰北斋（1760—1849），日本江户时代的浮世绘画家，他的绘画风格对后来的欧洲绘画影响很大。

上图是葛饰北斋70岁后绘制的作品《富岳三十六景·神奈川冲浪里》。这位北斋先生的恋爱史十分精彩，因此留下了不少逸闻。这张《富岳三十六景·神奈川冲浪里》在国际上也广受好评，真正掀起了一波美术"巨浪"。

但绘制了这幅作品的北斋先生在70岁那年曾表示：

"我到了90岁时才能穷尽绘画的技艺，100岁时才能达到神乎其技的境界，110岁时才能把自己的生命灌注在画笔之中。"

北斋大师的意思大概是：现在自己只是一个70岁的"孩子"，所以还无法画出更巍峨的富士山，也无法画出更壮阔的滔天浪，但是只要再继续努力

30年，等到他100岁的时候，就能达到俯瞰众生的境界了，若想将自己的生命灌注在这每一笔每一画中，至少要到110岁才能做到。

虽然大师这么说可能只是为了激励自己，但我真的相信，大师是渴望提高境界，享受变老的过程的。

想象着自己100岁后的生活，燃烧热情全力以赴——这种气概才真正体现出了生命力的顽强。每当我见到这幅画时，就发自内心想要活得久一些。

晚年的北斋大师除了工作之外，几乎整日卧床不起，但我相信他脑海中的那支画笔其实没有一刻停歇。

多年前，我有幸和落语①家立川谈志（立川派落语传承人）谈话。我记得当年立川大师已经73岁了。

我首先向大师做了自我介绍，结果大师突然坐到我身边说："其实我的癌细胞已经扩散到全身了哦！我就怕让大夫看出来呢！"他的话着实吓了我一跳。

"我今年73岁，是'入门级老人'了。你今年有30多岁？那你就算是'入门级中年人'了哦！也不知道是谁这么硬生生地把年龄段分开的，如果有人跟你说'你从今天开始就是老人家了'，你怎么能接受嘛！"

---

① 落语是日本的传统曲艺形式之一，类似于中国的传统单口相声。

看得出，立川大师确实感到愤愤不平。

听他如此一说，我突然发现，所有人都有所谓"入门级儿童""入门级中年人"和"入门级老人"时代。

我一直觉得用年龄区分人的成长阶段其实并不妥当。真正的成功老龄化应该是"世人说我已古稀，我自奋斗永不熄"。

其实不只是立川志之辅等一众立川派大师，包括搞笑组合"爆笑问题"以及第六代日式评述传承人神田伯山先生，他们为了磨炼技艺，都观看过好几百场落语表演。而立川谈志大师则不顾身体有恙，拼尽全力为这些观众奉献了一场又一场精彩的演出。

或许这就是真正的"燃烧"生命吧！

150　人生下半程：50岁后的幸福心理课

Success

学会内化自己的情感

70岁，在摆脱社会角色和精神束缚的年纪，
要学会以平和的心态面对烦恼。

> CHECK
> 在保证当下生活的同时隐藏内心的秘密，
> 轻松愉快地度过晚年。

"空虚病"的特效药

Q 离开工作岗位，子女成家立业，顿时对生活感到索然无味，经常冥思苦想今后的人生该如何度过。

A 谁才是你人生的主角？
如果你觉得"那当然是我自己了"，那么你一定会充满幸福感且精力旺盛，在人生到达终点前，你一定会为各种点点滴滴的新鲜事物感动，并不断挑战自己。一旦你明白"自己才是人生的主角"这个道理，你便会发现，自己的每一次努力都是在为自己奉献。

心理学家德查姆斯把人按照国际象棋的原理进行分类，一类人是"棋子"，而另一类人则是"棋手"。

棋子是"服从型"（pawn）的，而棋手就是"命令型"（origin）的。

服从型人格的人常会把自己当成一枚棋子，觉得无论自己再怎么努力也逃不脱任人摆布的命运。随着年龄的增长，他们会愈发感到身心俱疲。而命令型人格的人则会认为"我才是控制棋子的人"，因此他们很有上进心，生活也很充实。

心理学家阿德勒也表示，想要活得精彩，就要找到"自己所扮演的角色"，寻找到一种奉献的精神。所以，只有掌控棋子的棋手才能找到自己对于社会的价值，他们的生活也更加富有质感。

你身边是服从型的人多一些，还是命令型的人多一些呢？那么你自己又属于哪种类型呢？

其实这一切都取决于"内心"的主观判断。那些医生、政治家、老总并不是清一色命令型的,而患者、秘书、员工也不一定是服从型的。

比如,有很多大企业的老总也会有服从型的思维方式,他们也会抱怨"经济不景气,政策也不好"。在他们的心中,经济状况和政府反而成了棋手,自己却沦为一枚棋子。

另外,有些临时员工却会常常关注近期的市场动态并根据各方面的信息分析出市场的需求,最后在企划会议上大胆提出自己的见解。显然他们才更符合命令型人格的标准。

顺带一提,在我经常光顾的超市里,收银员也能明显地分为两类。有些员工属于服从型人格,他们往往会想："如果达不到基本要求就会被客人投诉。""店长让我干啥我就干啥。"但也有一些员工属于命令型人格，他们面对眼前排起的长队，便会不由自主地觉得："看，客人们都喜欢排在我这边！肯定是因为我结账速度快。""我只是稍微努力了一点点，没想到效率居然能提升这么多！"

职场上那些积极工作、甘于奉献的人，在他们的内心之中一定经常迸发出命令型人格特有的火花，他们时常告诉自己，这一切"出自我手""我才是主角"。在处理人际关系、参加工作、投身学业的时候，这类人往往更容易发现自己的价值，而且他们从不会半途而废，颇具恒心和毅力。

当我感到气馁的时候，就会掏出笔记本，在上面写下一句"我是主角"。我也推荐我的来访者养成这种习惯。

如果人生真如一场棋局，你千万不能只做一枚棋子，而要让自己变成这场棋局的玩家。要习惯自己做判断。

如何做到"变老但不慌张"

Q 我很看不惯这帮年轻人，跟他们相处让我特别容易发火。

A 虽然有些朋友上了年纪之后，脾气会变得越来越温和沉稳，但也有不少人年龄越大脾气越火爆，越容易急躁。

这可能源于人生进入暮年，深感时不我待，因此悲从中来。或者是由于代沟，我们往往觉得年轻人总是冥顽不灵，远远不及自己当年。再或者就是由于自己与家人以及养老院里年轻的护士、护工之间产生了摩擦。

人一旦总是焦躁，眉心处便会长出立纹，嘴角也会越来越下垂，这会让你看上去比实际年龄大，显老。

心理学研究发现，经常焦躁的人往往习惯和别人唱反调，对别人的质疑反唇相讥。当我们发怒的时候，首先要保持30分钟以上的沉默，然后逐渐把情绪消解掉，这样才能逐渐改变易燃易爆炸的个性。可能有些朋友会觉得意外，不是说畅所欲言才能让人获得自由吗？

在很多相关实验中，实验人员故意对受试者恶语相向，或者单单问那些难以启齿的问题（当然，事后实验人员向受试者说明了情况，并做出了道歉），随后实验人员开始观察被激怒的受试者的反应，随后又检测了他们的压力荷尔蒙分泌量，最后分析了受试者的反应和压力荷尔蒙分泌量之间的关系。

受试者的年龄范围很广，包括40~80岁的男性和女性，下面我们就来看看这些受试者的表现吧。几乎50%（①）的受试者会当场发火，要求实验人员做出解释。"你这也太失礼了，你必须道歉！""你说什么！别耍我了！"另一半（②）受试者则会选择敷衍了事或者沉默不语，"嗯嗯，也可以这么说吧……""哦哦"。

结果显示，试验一周后仍旧对这件事情愤愤不平，感到愤怒且压力值较高的人几乎都是第①类人。

换言之，发怒、宣泄非但不能解压，反而会让一个人的压力越来越大。其实当一个人发脾气的时候，当时所说的话语以及当时的状况就越容易印刻在他的脑海之中。过了几天之后，他还是会对过往的不愉快念念不忘："想来想去，我还是无法原谅他！"这样矛盾只会不断走向激化。

你口中讲出的恶语和微词虽然进入对方的耳朵，但你本人的脑海里也顿时波涛汹涌，最后受伤的还是你自己。有些人甚至因此对自己产生厌恶情绪，久而久之他们就陷入了暴躁和自责的恶性循环之中。

因此即便有人破坏你的情绪，也不要着急反唇相讥，为了实现成功老龄化，先让自己沉默 30 分钟。实验中第②类人正是实践了这一方法，一周后他们不会为那次不愉快的经历而苦恼，甚至还会忘记当时对方所说的恶语。

"沉默是金，雄辩为银"，年龄越大我们越能明白这其中的真谛。当我们觉得对方"居高临下""态度太差"的时候，我们真的没必要对他评头论足。因为越是苛责别人，你的内心就越会激荡不安，最后难免身心俱疲、暗自神伤，满腔怒火却永难熄灭。

保持内心的安适和愉悦，即便有时情绪上来，也能暂时保持沉默，选择冷处理。这样的人脾气会变得越来越好，他们懂得原谅别人，别人也渐渐不会再对他做出失礼的行为了。

第三章

成功人生 100 年

1 有德之人幸福多

享受"道德"的年纪

日本的小学和初中都开设了"思想品德"课。我记得当年我们学习的课文包括欧亨利的《最后一片叶子》,还有太宰治的《奔跑吧,梅勒斯》等。老师一直教导我们:"只要做好事就会得到回报,我们必须对别人足够温柔。"

但是从严格意义上来说,真正的道德心来自经验的积累。

心理学家科尔伯格①是世界儿童道德发展研究第一人。他重视道德心的培养,并将道德的发育分为6个阶段。他认为所谓道德心,是忠诚于个人之上的集体价值,如"服从""遵守法律和秩序""判断正确与否"等。

我上学的时候也学习过科尔伯格的理论,他的理论给了我很大启发。我觉得有必要把他的一些观点教给孩子们,但事实上,作为日本人总觉得他的理论似乎缺少些支持,有违和感。

"道德"这一概念最早来源于中国古代。"道"表示学习,"德"表示积累,两者完全属于两个概念,

---

① 劳伦斯·科尔伯格(1927—1987),美国心理学家,提出了"道德发展阶段"理论。

而"道德"则是把两个词组合在一起而产生的新词。

首先,有关"道"的学问恰好和科尔伯格倡导的理论不谋而合,比如"保持忠诚""尊敬长辈、上级""以善念对待弱者",这些都符合为人之道。科尔伯格反复强调"服从"和"秩序"就是"道",但这可能是由于他生在美国,受美国文化的影响吧!

日本人爱论"道"

日本人自古以来就喜欢学习"道"。虽然日本人不至于真的做到"退后三尺,不踏师影",但尊敬父母、尊敬前辈、敬畏师长、忠于领导……这些思想已经深深根植于日本人的内心。

比如前些年东日本大地震时,受灾群众会自发排队领取食物,他们冒着大雪,顶着严寒,仍旧保持队伍井然有序。这些日本老人的身姿让世界为之赞叹。

哪怕自己排在很靠后的位置,也要遵守秩序。我认为年龄越大的人,就越能把这些"道理"当成"理所当然"的为人准则。

就我的经验而言,四五十岁的来访者对我的态度也十分恭敬,他们往往会跟我说:"医生,只要能治好,我什么都听你的!我相信只有你能治好我!"我有时候甚至会觉得他们太过谦卑了。

我觉得在他们的思维模式中,找人看病就应该谦卑些,这就叫"讲理";反过来说,如果态度不符合为人之道,医生对他的印象就不好,甚至可能不给他治病——这就是所谓的"前因后果"。

在我看来,我虽然也享受来访者对我的期许和信赖,但不得不承认,他们的谦卑也给了我不少压力和疏离感。遵守"道德"中的"道",这是日本人的美学,但有时也会让对方感到拘束。

"爱管闲事"也幸福

"道德"之中还包含"积德行善"的意义,这方面我却不大了解。年轻时,我虽然能保证一言一行皆符合"道"的约束,但"积德"到底是什么意思,我至今仍旧不甚了解。一般来说,积德行善指的就是"平日多做好事"。但重要的是,"积德"的行为并不一定能让我们得到"回报",我们只是一味地为他人付出。

人们普遍认为这种行为实在难能可贵,但我却觉得积德行善并没有那么严肃。

比如,我一直很好奇,为什么60岁以上的来访者会主动关心我。有一位来访者自己本身就患有严重的饮食失调症,但他却反过来对我说:"医生,你平时有好好吃饭吗?我看你好像不吃午饭,那可不行,人是铁饭是钢啊!"还有一位来访者,明明自己还在打点滴,居然伸出瘦弱的手臂对我说:"哎哟,你的裙角好像有点开线,我给你缝一下吧!"

不仅如此,我身边的其他医生和护士有时候也会"强制"我注意身体:"小心不要感冒啊!吃片药吧,这个挺好使的!"虽然工作繁忙,但听到他们的关怀之语多少能让我感到些许轻松。

我记得小时候有一次在一片空地上玩,有个50多岁的大叔冲我喊:"你也不看看多晚了!赶紧回家!"其实我跟他素不相识。还有一位老阿姨特意到我去游玩的公园请我吃她做的可乐饼,还说"我刚做好的可乐饼,你尝尝,凉了就不好吃了!"就连在我去学校的路上,也有一位好心的老大爷每次都带我过马路。

这些在日常生活中积累点点滴滴的善行、并以之为乐的人,虽然看似"好管闲事",但却有着充盈丰富的内心世界,而且他们几乎都是年逾古稀的忠厚老者。

不期待回报,却偏爱积德行善,这才是高层次的幸福。一个人若真正地懂得"抱德守道"的意义,那么他至少要经历60年以上的世间冷暖和婆娑岁月。

关于这点,科尔伯格倡导的"道德发展阶段理论"仅代表西方世界的观点,而东方世界的道德观则有更深刻的内涵。

下面请看我总结的结论:认为"积善行德即便没有回报也要去做"的人个个精神矍铄,也乐意和人交流,他们的精神状态自然更加健康。

而罹患老年抑郁症等心理疾病的人多不善言辞,他们总认为"我的事就是我的事,和他人没有任何关系",而且他们的欲望也十分低下(他们就好像童话故事里那种吝啬固执的老爷爷、老奶奶),常以"节约"为美德,他们中的绝大多数人都习惯封闭自我。

即便是那些不幸罹患抑郁症、不得不入院治疗的患者也会对为人之"道"特别敏感，他们常常会和医生说："不好意思，给医生添麻烦了。"不过这些病人中有的人更加注重"德"的积累。有的病人会向医生展示孙子的照片，并说："医生，你看看，这是我孙子。我劝你也早点生个孩子吧！他们多可爱啊！"事实证明，重视"德"的病人总能更快地摆脱精神疾病的困扰，也能更早出院。

多管些"闲事"吧！这能让你维持自我认同感，获得生而为人所必需的奉献感，这些都是维持我们生活的力量源泉，同时也是我们实现成功老龄化的秘诀之一。

远离孤独死

60岁后，我们很容易被恋爱、家庭问题等复杂的人际关系束缚住手脚，但我们还有一剂百试百灵的解药，那就是"道德心的完善"。

"我做了很多蛋糕哦，给你们带了一盒。""我家院子里的梅花开了，你们可以来聚个餐啊！酒水管够！"——70岁后的一大幸事便是，我们和人交往时可以不用顾忌个人得失，可以不再锱铢必较。

就我的经验来看，能做到这点的人，不论是声音还是长相都显得比同龄人年轻。我们要时刻记住"别人也在关注你"，只要养成这个思维习惯，我们便会主动注意自己的仪表，并且我们还会产生一种

"要给他人带来快乐"的欲望。当我们做到这点之后，对方自然也会对我们心存感激。最重要的是，这种形式的"积德"，是100%有回报的。

不论我们为任何人做了任何事，对人施以恩惠总能让我们积累"情景记忆"。所谓情景记忆，就是通过体验留下一段记忆。比如出国旅行的回忆、去现场观看体育比赛的回忆，这些都是情景记忆。越是上了年纪，情景记忆就越比年轻时更为深刻、更为丰富，"管闲事"的经历自然也会铭刻在我们的脑海中。

我们可以假设这样一种情况，有个爱管闲事的人突然生病不能出门，那么他周围的人可能会觉得："哎呀，最近怎么老也见不到他？他别是出什么事儿了吧？"因为他是个"爱管闲事"的人，所以人们才会对他印象深刻，也很自然地会关注他的动向。因此他很可能因为自己爱管闲事的个性，而避免落得个孤独死的结局。

如果你不想晚景凄凉、孤独终老，那么就不要只和亲人、朋友接触，而要扩大视野，主动和他人交往，哪怕对方没那么亲近。因为这能让你保持年轻的心态，而且还能使你免于孤独死，免于独自面对病魔，等待最后的宣判。说到底，不致孤独终老，也是成功老龄化的体现。

虽然有些话说出来刺耳，但实际上在你真的临终之时，根本没有那么多家人或亲属会陪伴在你身边。为了照顾你的事，你的家人和亲属可能会互相踢皮球而闹得不欢而散。我见过太多类似的例子了。亲情的温度有时候真的没那么高。

究其原因，我们在孩子年幼的时候爱护他们、照顾他们，这一切都让孩子觉得是"理所应当"的。

因此我们没必要为这种事感到愤怒或悲伤，倒不如早早就把这份感情割舍掉为好。如果是在那个全社会物资都十分匮乏的年代，亲人给了你一些恩惠，你当然不可能觉得理所应当，而是感激涕零，但是经历过经济高速增长的时代后，我们早已告别穷困的生活了。如今的我们已经堂而皇之地认为，父母对我们的关怀是天经地义的。

如今的子女很可能会想："凭什么要我一个人照顾你？你给姐姐买过钢琴，又帮她筹措买房子的钱，你怎么不让她照顾你？再者说，你自己那么多戒指，卖掉不就能换钱了吗？"很多家庭因为经济纠纷搞得不欢而散，这样的悲剧我听过太多太多。

但我们并不能把所有责任都推给教育，也不用过于气愤，毕竟年代不同了孩子的想法也不一样。

或许70岁后成功老龄化的关键除了"超越家人，广结善缘"，再无其他办法。我们应该多认识一些此前不曾接触过的人，和他们打打招呼、聊聊天气、谈谈生活，要在不知不觉间加深彼此之间的感情。

冥冥之中，一定有个人也在等待你的回应。

2 认知障碍者也能找到幸福

"健忘"人人有

85岁后,超过一半的人都开始健忘。而90岁后我们最担心的已经不再是人际关系,而是"自己会不会孤独终老""是不是已经患上了老年痴呆症",这个年纪的来访者一般都会问我这两个问题。

关于认知障碍,我们不得不承认85岁以上老年人的记忆力多多少少都会出现衰退现象(根据长谷川痴呆量表[①]测试的结果),不过这从某个角度来

---

① 长谷川痴呆量表,是一种常用于认知障碍症诊断的评定量表。

说,也很让人"放心"——"世人皆清醒唯有你糊涂"这种情况是不可能存在的。

人的心脏、肝脏等经过常年使用势必功能衰退,而且总会出现一些状况。同样道理,大脑持续运转80年,功能肯定也会衰退。

"这么多年了,我的大脑持续工作又要经历那么多烦恼,真是辛苦它了!"

我们要接受大脑的衰退,不如让它歇歇,放开执念,与其为自己的衰弱感到羞耻,甚至想要来个"宁为玉碎不为瓦全",变成一个每天郁郁寡欢的老顽固,倒不如保持人见人爱的性格,做个可爱的"老伙计"呢!

健忘,可以是一种"幽默",也是让人变得开朗豁达的秘诀。

这一点对于年轻人而言也是如此。"你是不是老忘带课本啊？""对啊，我总是找小A借，我是真的忘带了呀！"教室里顿时一片笑声。

但是东方学校的教育很是特殊。在孩子很小的时候，老师就要求孩子回答："为什么会忘带？从头到尾想明白了！""既然忘带了，就要反省！"因此，只要说一句"我想不起来了""没记住""我忘了"，就一定有人瞪着眼珠子让你反省思过。

人已经上了年纪，你还逼迫他费劲心力地记这个记那个，这在欧美人看来实在不能理解。

我早年间在英国和美国的医院里进行临床实践的时候，有一件事让我大为吃惊，那就是他们似乎能够坦然接受认知障碍。

欧美人对认知障碍的看法显然没有东方人那么悲观。

即便患者表示"我什么都想不起来",医生也会笑呵呵地宽慰对方:"哦,是这样啊!没关系的。"而患者的家人也不会强迫老人记起什么。有经验的心理医生也常常告诉患者:"没关系的,忘掉就忘掉吧!既然记不住,那肯定就不是什么重要的事!"他们态度平和,仿佛是在"庆祝"患者忘掉了不好的回忆一般。

积极又向上

正如前文所述,东方人从小就接受了严格的教育,本身就带着一种一丝不苟的气质,或许这就是为什么他们不能接受"健忘"。但是西方人调整心态的方法,确实有很多值得我们学习的地方。

我目前运营着一个名为"超积极认知障碍互助会"的心理疏导组织。下面跟大家分享一段某次活动中的对话:

"各位最近是不是开始健忘了呢?"

"是啊,我都有点认不出我家孙子的脸了!"

"对对,我把女婿的名字给忘了。所以我见了他就直接'你你'地叫,这样大家都方便。"

老人们边说边露出了和善的笑容。

这样的交谈，确实颇有效果，这群互相交流"开心事、滑稽事"的认知障碍症患者，几乎没有并发抑郁症、神经系统等疾病。

与之相对，如果一个人把健忘当成"罪大恶极"的事，那么他便会故意隐藏自己罹患认知障碍症的事实，或者打肿脸充胖子告诉护理师或者咨询师："我根本没忘记！你们不要瞧不起人！"而这样更容易增加并发抑郁症的风险，而且最明显的是，他常常会板着一张脸，性格也喜怒无常。

这样的老人到头来很可能在生活和精神上都受到孤立。

关键在于，老人们应该互相倾诉自己的衰老以及失败的经历，这样他们的脸上就再也不会出现委屈和苦闷的表情，而是笑对一切，敞开心扉互相宽慰，这就是英美等西方国家的文化。

你是想心情开朗地接受健忘，还是想因为健忘而郁郁寡欢呢？夸张些说，对于即将进入认知障碍期的人们来说，成功老龄化的关键就是驱离烦恼，追逐快乐。

交流很重要

近年来，人们发现"会话量"在很大程度上决定了罹患阿尔茨海默病或脑疲劳引发的认知障碍症的年龄。

聊天看似一件平常的小事，但事实上已经被广泛应用于脑部疾病治疗。

在和对方交流的同时，还要理解对方说话的内容，然后再思考"我接下来应该对他说什么"，显然谈话是双重任务，聊天也是一门学问。聊天不是单纯输入，更不像扔垃圾一样，把对方所说的话一股脑地塞进空空荡荡的大脑里。

其实我们主动跟人说话的时候也一样，我们必须时刻关心"我这句话对方到底听没听懂"。我们对面坐着的并不是一个布娃娃，我们说的每句话都要在脑子里过一遍！因此我们在不知不觉间已经同时完成了两项任务：一，根据对方身份选择谈话内容；二，同时想方设法地让对方理解你想表达的意思。

我们有必要重视这种双向性的交流。如果周围人都觉得"和这老爷子没什么可聊的"而对他态度冷淡，那么原本的轻度认知障碍症也可能一发不可收拾。

讲到此处，我不由得想起一首大家耳熟能详的诗，那就是诗人金子美铃的《阿婆的故事》：

> 从那以后阿婆不再说话，
>
> 我是多喜欢听你讲的故事！
>
> 想起当年我苦着脸说：
>
> "我都听过了！"
>
> 阿婆的眼里早已野草成堆，
>
> 一片荒芜。
>
> 而今，我又想听你讲那段故事，
>
> 但你却不再说话。

请你再开口吧!

哪怕同样的故事,

我也想听五遍、十遍。

(摘自《金子美铃全集》)

诗中满载着作者对阿婆的深情厚爱,更是淋漓尽致地表达了惋惜之情,"想要和阿婆共叙天伦,可惜二人已经天人永隔,如果还有机会,我愿意永远听阿婆讲同一个故事"。虽然整首诗讲述的不过是日常生活中的点点滴滴,但每次读到这首诗时,我的心都好像被狠狠地扎了一下。

不只是这位"阿婆",很多老年人都会反反复复地叙述同一件事。但这并不是因为他们忘记了曾经说过这件事,他们只是单纯地想再说一遍、再说一遍，这是他们发自内心的行为。

老年人其实想和我们再次分享当时的喜悦、欢乐甚至是悲伤的情绪，虽然他们的身体已经不像年轻时那么硬朗，但至少他们希望自己的内心还是自由的，思想还是能继续驰骋的！

而且，有罹患认知障碍症风险的老年人，往往更习惯说重复的内容。他们对某些事情记忆得特别深刻，但又有一些事情，他们根本记不住。这就是认知障碍症的症状，我们没有必要逼迫他们记住什么。

如果你家里就有这样的老人，还请一笑了之，陪他度过晚年。因为这才能安抚他的情绪。

另外，老年人除了谈话再没有其他方法排解孤独了。只有在和年轻人或者同龄的老伙伴讲述美好回忆的时候，他们才能重现当年的意气风发、神采飞扬。所以请不要吝啬你的时间，多和他们聊一聊吧！

"你再给我讲一遍好不好！"

"上次那个事，你再跟我说说呗！"

即便是陈词滥调、老生常谈，只要能让老年人经常表达，那么他一定会度过一个幸福而充满阳光的晚年。

其实一个老年人能把看护人员和家人逗得哈哈大笑，这是一门高深的学问！

80岁后影响成功老龄化的最大敌人就是发现自己开始糊涂，却因为顾及面子，假装清醒、假装年轻，而后对周围的事物漠不关心。

开心做"阿呆"

下面介绍一下区分老年抑郁症和老年痴呆症的方法。其中的一个标准就是老年人是否健谈。确实老年人即便认知功能健全,也容易受到负面情绪影响,从而出现情感障碍、失眠等症状,这就是所谓的"老年性抑郁"。而且这对老年人本身也是一种折磨,因此我们心理咨询师特别关注这方面的问题。

目前WHO(世界卫生组织)表示,老年人是否健谈很大程度上决定了其是否会产生自杀倾向。有种说法是,比较健谈的老年人虽然不容易罹患抑郁症,但相对容易罹患认知障碍症。容我大胆地说一句,如果我见到一位老年人,他经常发牢骚但也因此比较健谈，说话逻辑不连贯但内容却都积极向上，我甚至会替他感到高兴："太好了，他可能只是稍微有点老年痴呆！"

然而事实上，有很多老年人虽然能完全明白我发问的意图，但是丝毫不配合我的工作，不肯向我敞开心扉。当然也有可能这位来访者本身就比较害羞、内向，但我还是觉得他们可能患上了老年抑郁症。我对他们格外关照，而且我也会建议部分重症患者抓紧时间入院治疗。老年抑郁症和认知障碍症不同，病人随时都有自杀的危险。

抑郁症由多种激素的紊乱导致，这些激素种类繁多，主要包括血清素、多巴胺以及去甲肾上腺素等。另外，如果一个人平时的想法就比较消极，容易产生绝望感，那么年龄越大，他也就越难摆脱这种情绪的影响。

如果放任不管，到了八九十岁后，这样的老年人就很容易产生自杀情绪，甚至走上可悲的不归之路。因此相较于认知障碍症患者（起码他们心胸更加开阔），我们更该关注那些思路清晰但情绪低落的老年人。

3　自我更新的力量

改变自己

各位看过《铁臂阿童木》和《森林大帝》吗？这些漫画的作者正是人称漫画之神的手冢治虫[①]大师。据说手冢大师一生为我们留下了700多部作品，如果计算页数的话，总共约有15万页。虽然大师年仅60岁便离开了我们，但超过30年的画龄在当今漫画界仍旧屈指可数。

---

① 手冢治虫（1928—1989），日本昭和年代最具代表性的漫画家。

事实上，手冢大师的作品我几乎都看过。我从小就喜欢手冢大师笔下那圆润而柔和的线条，每一笔都好似一首牧歌。

但是我在读高中的时候却发现手冢大师的作品风格出现了巨大的变化，我不禁疑惑："这还是那个我们熟悉的手冢大师吗？"虽然我从未画过漫画，但当时我也能看出，不论是线条、主人公的面相，甚至是故事的走向都发生了巨大的变化。

如前面提到的《铁臂阿童木》之类"可爱""正义""光明"的角色彻底消失了，

《铁臂阿童木》封面
（©Tezuka Productions）

取而代之的是"真实""黑暗""有社会性"的角色。这其中比较有代表性的作品包括《怪医黑杰克》《昭告阿道夫》《奇子》《桐人传奇》等。虽然画风大变，但仍旧能吸引大量读者。

顺带一提，我认为手冢大师的作品绝对不输于任何纯文学作品和侦探小说，虽然他的作品已经有些年头了，但我还是建议大家去读一读。相信各位一定会被这些漫画佳作中的真情实感所打动，共同分享一段欢愉或几分悲伤。

真性情也是成功老龄化的秘诀之一。

《昭告阿道夫》封面
（©Tezuka Productions）

继续说我的经历。高中的时候我发现了手冢大师画风的变化，于是感到十分迷惑。难道手冢大师不会再画那种"线条圆润可爱"的漫画了吗？还是说大师受到当时流行的电影影响，随着他年龄的增长也开始热衷于绘制面向青年人、成年人的漫画了吗？不管怎样，大师画风的改变确实让当时的我大感遗憾。

但是这一切猜想都过于迂腐。随后我从大师的手记、纪录片、他助手的回忆录中得知了大师改变画风的真正原因。

手冢大师并非随着年龄增长，画风自然而然地发生了变化，而是发自内心地想要做出改变。为此他也经历了内心的挣扎和纠结。原来手冢大师主动抓住了老龄化的方向盘，主动改变了画风。

试问艺术界有几人能有这样的壮举，能够以专业的态度冷静地面对自己的衰老。这样的艺术家实在令人敬佩！

变老不是"被改变"而是"要改变"

我清晰地记得，在纪录片中，手冢大师一边描绘着满月，一边和记者谈话（在我印象中，手冢大师那年55岁）。

平时我们真的很难见到艺术家工作时的场景。手冢大师对记者说："画月亮的时候，像这样从下方起笔，就能画得又快又好。我十几岁的时候习惯从下往上画，但现在不行了。当我开始从上往下画月亮的时候，就发现自己已经不是原先的自己了。我画得不像原来那么顺手了，在灯光底下一看，原来我的手不由自主地在抖。"

在我们外行人看来，大师只不过是在画月亮而已，但是他实际上是在面带哀伤地望着月亮，和自己以往的技艺道别。"我再也不能画出理想中的作品了。所以线条不能再那么可爱了，轮廓稍微模糊些也很好看，倒不如'变一变'新风格。"

在世人叹惋"手冢也大不如前了"之前主动"改变"，这需要极大的勇气。

请允许我举一个不太恰当的例子。比如一位女性从十几岁开始就习惯用粉色系口红、烫卷发，那么40年后，也就是她50多岁时会发现"我现在这样不大好看了"，于是她尝试着改变形象，让自己的气质朴素一些。或者一位男性穿了半辈子西装衬衫配皮鞋，突然有一天他照镜子时发现"原来这身行头已经不合适了"，于是他摇身一变，成了一位形象稳重的老绅士。

虽然我们达不到手冢大师的高度，但我们都会不约而同地"主动'增加'自己的年龄"。

手冢大师60岁便离开了我们，但我相信如果他能活到七八十岁，肯定也会根据年龄不断改变自己的画风和生活方式的。

如果大师能活到100岁，到那时他的画风又会有什么新变化呢？又会给读者带来什么新惊喜呢？但遗憾的是，我们再也等不到那一天了！不仅作为读者，即便作为心理学研究者，大师的离开都让我感到惋惜和遗憾。

90 岁华丽变身

衰老不代表老态龙钟，而是发现"我已经对这方面没有兴趣了""在这件事里我已经感受不到快乐了"，于是当下放手，把关注点转移到新的方向。因此这并非自然而然的变化，而是主动做出改变。

手冢大师直到生命的最后一刻仍旧醉心于事业，为了追寻伟大的艺术之梦甚至到了废寝忘食的地步。而之所以他能够做到不忘初心，完全是因为他敢于主动改变自己。

不论什么年纪，现在开始动手一切都不晚！随着年龄增长，特别是90岁后，你会越来越觉得"主动做出改变"才是年轻态的秘诀。

其实关于"做出改变"，老年人自然比年轻人表现得更加成熟。这一点我将在后面详细说明。

转变角色将伴随我们终身。如果我们不习惯转变角色，就要尝试多扮演几个角色。

"我从小就只穿和服"……这真的能让我们感到开心吗？"我这辈子只吃南普罗旺斯风味的菜"……这就是幸福吗？

那么，要不要试试穿一条雅致的长裙？要不要也尝尝寿司和日式炸串？如果一切都是"非它不行"，那也太无趣了！

之前我就提到过，手冢大师并非偶然间发现自己"变了",而是为了继续提高自己的技艺"主动改变"。希望各位也能随着年龄的增长不断鼓起勇气去挑战自我。成功老龄化的思维方式是:"在人生中多去发现'新的自我',这才是真正的幸福。"

年轻人是很难理解这些道理的。只有到了八九十岁后,思想真正成熟了才能领会其中的真谛。因为只有高龄人群才能对"过去的自己"和"此前走过的道路"有深刻的认识。同样的道理,他们也更加了解什么是"崭新的自我"以及"未来尝试的新路"。

不论是培养爱好、交朋友、追赶时尚还是读书,年龄越大,你越能发现"我对这个领域还一窍不通呢"!

那么我们要变成什么呢?

我们又要增加哪方面的能力呢？

挑战新事物，主动改变自己，这些都能延展生命的宽度！

而且，如果有人年轻的时候就觉得自己不需要做出任何改变，做什么都提不起兴趣，那么我就要遗憾地告诉他："你80岁后罹患重度认知障碍症的风险相当大。"

不要拒绝改变。请多去寻找崭新的自己吧！这一切都是为了使你在进入高龄期后仍旧能够幸福。

101岁的某一天

手冢大师最终因胃癌离开了我们，在弥留之际他口中反复地叨念："求求你们了，让我去工作吧！"

我不认为手冢大师"英年早逝"。虽然大师60岁就已仙逝,但他人生的充实感、好奇心、满足感以及他的辛劳,普通人哪怕活到120岁也难以望其项背。如果一个人能多发现自己的可能性,主动改变自己,那么我相信他的人生必然是成功的。

虽然如同手冢大师一般,做个"风流一时,名垂千古"的人物,即便"英年早逝"也不会留下遗憾,但如果能常葆乐观向上的心态,那么就应该珍惜余生,做个长寿老人,这样才更能实现成功老龄化。

我有一个常年的来访者,他今年已经101岁了。虽然他患有阿尔茨海默病,但还是能和护士们融洽相处,经常向她们表达谢意,而且还经常哼着歌给自己解闷。在他身上根本看不到老年人特有的阴郁,他是个乐天知命的阿尔茨海默病患者。这就是成功老龄化！

这位老爷子虽然已经离不开医院，但生活依旧安适，那么他的秘诀是什么呢？那就是"自由"，他不会掩饰自己刻薄或固执的一面，他丝毫不以"忠厚长者"的标准要求自己，因此他的生活才能如此安然。

下面就来看看他的一天吧：

①早晨不做理疗，而是做自己发明的复健操。

②上午不在医院吃饭，点汉堡薯条吃。

③傍晚喜欢拍摄夕阳景色。即便大夫让他回去，他的眼睛也不会离开取景器。

④按照时代顺序把他喜欢的以夕阳为背景的美女演员照片排号，然后做成剪报。

⑤晚上开始揣测"有人来和室友会面,难道他们是那种关系",于是跑到隔壁"传闲话"。

这样看起来,这位老爷子多少有点"不正经"。虽然护士们纷纷评价"这老爷子真没救啦",但我认为正因为他不会按照"模范老人"的标准要求自己,所以才能活得如此潇洒。

如果一般老年人都是"静养延年"的话,那么他可以算是"躁动益寿"的典范了。他常常说"别人讨厌我,我又不会少块肉",随后便放声大笑。

"亲切"的恶魔

越来越多的人认为,如果人活到100岁,就该天天躺着,什么都别干,看看电视就好啦。虽然都是出于一片好心，但如果一个人80岁后，发现所有的事情都被别人安排好了，他别无他法只能默默接受，那么他的情绪就会变得越来越糟，而且他罹患老年抑郁症的概率也会大大提高。

相反，如果他敢于反抗，"得了，都省省吧！我做什么都是我的自由"，那么他的内心则更加强大，也会有更多人愿意和这样的老年人结交。

越是敢说实话的老年人越是受人欢迎。因为他们在外人看来"很爽气"。有报告指出，那些即便生病卧床也坚持自己安排生活的人，罹患认知障碍症的概率相对较低。

那些罹患癌症疼痛不已或者已经不方便行动的患者，希望每天能见到家人，得到家人的照顾，这自然无可非议，但是有不少老年人当下身体没有什么异常，只是存在轻度的认知障碍，那么他就完全不需要过于依赖家人。

其实周围人越是对老年人过分关照，他越会感到恐惧："难道因为老年痴呆，我已经变了个人吗？"

因此，如果你家的老人患上了认知障碍症，千万不要以"检查日到了""医院都派人来接了"为理由，强行把老人送进医院（或养老机构），而是要问问他"下次让他们什么时候来""你想不想去"，尽量尊重老人的自我判断。不要一厢情愿地剥夺老人思考和判断的权利，而要帮助他们锻炼思考和判断的能力。

另外，即便老人没有认知方面的问题，自己无法做决策也会令人感到相当不自由（官方点说，这就是所谓"非应激性"，这种现象也出现在猴子和狗身上），这会大大提高老人患上老年抑郁症的风险。所以千万不要对老人过分关照！

有数据显示，如果老人有"长寿也好，短命也罢，我无所谓"的气概，那么他的寿命反而有机会超过 110 岁。

有很多人慨叹"明明我对老人照顾得无微不至，他怎么还是离开了"。事实上，他们做得太多了！更令人遗憾的是，他们的无微不至，可能恰恰是老人痛苦的根源。

所以这就是为什么我经常告诫护理行业的从业人员，"寸步不离的陪伴"对老人来说，好比一句诅咒。

有生之年满满能量

即便我们没有葛饰北斋那种燃烧生命的能力，只要我们有这份气概，就能感受到自己的强大。我们不妨来鉴赏一下北斋先生最后一幅作品《八方睨视凤凰图》。据说北斋先生 88~89 岁时才画出如此霸气满满的作品（87 岁亲笔完成草稿）。我们发现，从北斋先生 70 岁开始，此后的 20 年间他的画风发生了明显变化，力量感越来越强，技艺也有所增长。这实在令人感到惊讶。

从现代医学的角度来看，将近百岁的老年人根本无法拥有如此充沛的精力，看来大师是克服了"医学上"的困难，凭借毅力画完了这部作品的。

如果我们关注凤凰图的笔法，我们就会发现，大师的画风已非画《富岳三十六景》的时代，"思变"让他发现了崭新的自己。

绘制这幅作品时，大师的生命几乎走到了尽

葛饰北斋的《八方眒视凤凰图》
（图片提供：岩松院）

头，所以他想抓紧时间了解自己以及森罗万象的本质，想触摸到自己实力的顶点——这就是他作品中想要传达的信息！

七八十岁后，人们的身体都会出现各种问题，"死亡"令我们倍感恐惧，因此，我们才需要找些事情抵销恐惧。所以并且才会对亲子关系、朋友关系以及病症的痊愈过于痴迷。

放弃纠结和企图

心理学家森田正马①认为，上了年纪的人往往会过度关注自己，但正是由于这份"纠结"和"企图"，

---

① 森田正马（1874—1938），日本心理学家、心理医生，"森田疗法"创始人。

反而加快了他们朝老年抑郁症方向发展的速度。人们此时纠结的是："什么时候吃药？""大夫怎么说？"而企图则是："既然不得不住进医院，索性把坟地也选好吧！"

森田先生表示，只要我们心里还有"纠结"和"企图"，就永远看不到幸福的彼岸，反而只能眼见着死亡步步逼近，自己却为了一些无足轻重的小事劳心费神。

看了葛饰北斋和手冢治虫两位大师的事迹，你是否发现他们身上的共通点了，那就是：

50岁、60岁、70岁……每个年龄段都要把握住自己变老的趋势。珍惜余下的时光，带着珍惜和不舍的情绪去拥抱"陌生"的新领域，同时保持积极向上的心态。

我的生命在燃烧

对于安乐死，每个人都有不同的看法（当然每个人的情况不同），但是我无法理解一个人会选择用这种方式结束自己的生命。

虽然有些人实在不得已而为之，但至少我不能接受。不论疾病缠身还是老迈昏聩，或是心如死灰，我都希望当我来到人生的终点站时，能问心无愧地告诉自己："看来这就是我的终点了！但我的生命也曾绚烂、激昂过，只是此时它已经燃烧殆尽。"我希望在我的弥留之际，能感受到最后一滴生命的清流从我的指尖滑过！我走后，自然要麻烦亲人朋友为我送行，但人生如羁旅，谁何尝不是孤帆的归客呢？

就像年过而立心智走向成熟一样，人类由出生到死亡，我们始终都在经历着内心的成长，一路走来有痛也有泪，有苦也有愁（虽然记忆会越来越模糊），但每一次的印象都是那么深刻。之所以我有此感触很可能是因为我的职业吧！由于职业关系，我每天都能见到那些被阴郁和衰老纠缠却仍坚持生活的人们。

虽然他们无法达到葛饰北斋的境界，但他们明知众生皆苦，却仍旧奋勇地行走在人生的旅途上。最终他们收获的是伟大的事业、青涩褪去的深厚友谊以及未曾发觉的崭新的自己。我认为，如果我们从没有为一件事燃烧过生命，那么人生将会毫无意义。

老寿星的成功老龄化就是"充分燃烧自己"。我曾经见过很多从小就疾病缠身的朋友以及罹患精神疾病，或者因为意外而四肢不全的人，他们临终时仍旧能够面带平和的笑容，告诉自己："很遗憾，我已经尽力燃烧了自己的全部生命。现在我发自内心地觉得自己离开的时间到了。无论如何，感谢这一路的陪伴！"

在人生的各个阶段，我们感受了幸福，也经历了苦痛，但最终我们都避免不了走向终点，所以一路走来的雷霆雨露都值得去体会。

"是的，我的生命已经燃烧殆尽！"

如果你真的感受到了这一点，就可以不带遗憾地合上双眼。此时，不论富贵还是贫寒，不论孤独还是团圆，你都实现了成功老龄化！

Success
能量满满地老去

真正的幸福不是为自己谋求多少,而是为他人贡献多少。
不要沉湎于过去,要发现新的自己。
放下执着,努力生活。

▼

POINT 1 跨越家庭的障碍,多和"外人"结交。

POINT 2 少为自己牟利,多管他人"闲事"。

POINT 3 不装聪明,不装年轻,不爱慕虚荣。

POINT 4 健谈、乐观、积极向上,才能活跃思维。

POINT 5 燃烧=直到生命的最后一刻仍旧保持"旺盛的生命力"。

能量满满地老去

Q 虽然我内心希望"继续努力",但最近总感觉没有精力。

A 不论是培养爱好、治疗,还是复健,很多时候不论我们有多卖力,总会觉得"根本没人关注我的努力"。这样持续下去,你的精力和进取心都会逐渐被掏空。人类是社会性动物,完全不顾忌"周围人的目光",我们也就失去了继续努力的动力。

虽然年轻的时候我们会觉得周围人的看法完全是障碍,但为了实现成功老龄化,经常关注"他人的目光"反而能让自己保持精力旺盛。

比如我们可以搜集些好看的照片和有趣的视频

发布到社交平台上。这种手段早已经跨越了性别和年龄，几乎成为世界通用的交流方式。除了朋友之外，你也可以向陌生人展示你的生活。相信你一定会从中感受到小小的激动和乐趣。

为什么这样做就能感受到快乐呢？因为多分享自己的生活，就会有更多满足"认同需求"的机会。因为我们与生俱来就是追求别人的认可和肯定的。其实我们在日常生活中是很难获得自我肯定感的，因此才要借助社交平台，通过点赞数以及浏览量来获得难能可贵的自我肯定感。但是，我们的快乐不都来自外界的认可，即便生活中没有人给我们"点赞"，只要我们始终告诉自己"有人在关注我"，我们就能自我鞭策，保持旺盛的精力。

其实我们人类也有不在意外界的评价或好或坏而坦然面对的心态，但我们还是强烈地渴望自己的存在"被周围人感知"。

一旦我们发现"观察者"的存在，自然会打起百倍精神，这就是心理学所谓的"观察者效应"。

我们可以看看这个例子。调查显示，那些医生和护士互相信赖的医院的治疗效果相对更好。从患者的角度来看，医生和护士齐心协力关心着自己的健康，这样患者的认同诉求就得到了满足，因此他们也会特别希望自己能够痊愈。这样一来患者便会积极配合医生进行治疗。不论是饮食疗法还是身体检查，患者都会欣然接受。有报告称，在这种环境下，患者的行为会变得更为积极。

你的家人以及你本人过得究竟如何？千万不要以为"反正谁都不会关心我"，因为这种想法会阻碍你实现成功老龄化。关注你的其实不只你的家人，还有你的老朋友以及那些默默付出的医务工作者。

比如有些人总觉得"自己的努力有人看得见"，那么他便会继续努力，让人们都能看到他的成果。这样的人终身都会保持旺盛的精力！

结　语

如果读了本书之后，你对年龄增长有了新的认识，而不再充满畏惧，那将是我最大的荣幸。请记住，变老并不是洪水猛兽！

相反，年龄越大：①身体衰老，内心却越发安然（虽然心境也有所谓阴晴圆缺）；②感情和交流更富有幽默感，生活状态更加从容；③开始能和自己的内心交流；④明白自己内心的归宿；⑤虽然年轻的时候不太擅长充满创意的工作，但越接近晚年，越适应这类工作，且技艺日趋完善。

另外，伴随着年龄增加，罹患认知障碍症的风险虽然大大提高，但不要把"健忘"当成一种罪过，只要开开心心生活就够了。反之，那些头脑清晰但心态悲观的老年抑郁症患者则只能度过一个悲伤阴郁的晚年。总之，要多关注生活中幸福的一面。

我现在已是人到中年，我如今的生活和年轻时设想的完全不同。虽然少女时期的我，每天都幻想着自己长大后的生活，但可惜的是，我的希望都落空了。

比如我以前曾经妄想"我将来要生三个孩子，自己要特别会做饭，等孩子不用我操心了之后就学弹钢琴什么的"。我老家在九州岛，所以我想在东京念完大学之后就直接回老家，这样我就能过上所谓"躬耕南阳"的逍遥日子，而不用和心理学界的同行为了首都的"五斗米"钩心斗角。

可实际上,我到现在还是孤身一人,既没有孩子,也没有家庭,更别提什么爱好了,光是每天在东京的工作就已经足够让我焦头烂额了!

看来无论我们计划得多周密,想着"到什么时候就做什么时候的事",可计划永远都赶不上变化。虽然不能说百分百落空,但我们或多或少总会留些遗憾吧!

但这并不意味着我们未能实现成功老龄化。其实,与其默默地走在人生的单行线上,倒不如挺起胸膛面对种种挑战和困难,即便看不到明天也要分分秒秒燃烧自己的生命。因为这才是"活出属于自己的色彩",这才是"波澜壮阔的一生",这才能让你获得真正的"充实感"！

从终身成长的角度来看，只有品尝了人生的各种滋味，圆满地度过一生的人才称得上是真正的成功者！

我希望这本书能成为各位读者人生苦旅的指南针，让你在遭遇人生的风雨时，重新找回前进的方向。

最后我想感谢PHP研究所的田中美由纪女士，感谢她为本书的无私奉献！

植木理惠